NORBERT GRIEBL

Basic

Alpen—blumen

158 ARTEN
einfach
und sicher
erkennen

KOSMOS

Schnell zur richtigen Art mit dem **KOSMOS-FARBCODE**

DER KOSMOS-FARBCODE richtet sich nach den Blütenfarben. Zur Orientierung in diesem Buch werden die 5 Grundfarben Weiß, Gelb, Rot, Blau und Grün/Braun verwendet. Aber Blumen halten sich nicht immer an diese Einteilung. Je nach Art gibt es Zwischentöne wie etwa Rosa, Lila oder Violett. Diese sind immer bei der Farbe einsortiert, der sie am nächsten stehen. So zeigen violette Blüten verschiedene Farbnuancen zwischen Rot und Blau. Sehen sie eher rotviolett aus, sind sie in der Hauptgruppe Rot einsortiert, erscheinen sie eher blauviolett, findest du sie in der Hauptgruppe Blau. Wenn du unschlüssig bist, schaust du einfach bei beiden Grundfarben nach.

Weiß oder ein Hauch von Farbe

SEITE 6 BIS 31

Weiße Blüten

Die Farbgruppe Weiß umfasst neben reinweißen und cremeweißen Blüten auch solche Arten, deren Blütenblätter oft eine andere Farbbeimischung haben.

→ So sind die Blüten der Großen Sterndolde auch ein wenig rot oder grün gefärbt, und die Blüten der Silberwurz haben immer eine gelbe Mitte.

KURZINFO
Der Farbbalken hilft bei der Navigation durch das Buch

SEITE 32 BIS 53

Gelbe Blüten

Blasses bis kräftiges Gelb

Die Farbe Gelb als Blütenfarbe ist meist recht klar zuzuordnen. Sie reicht von blassgelb bis zum kräftigen Dottergelb.

⟶ Aber auch in dieser Kategorie gibt es Arten, die gelbe Blüten mit einer andersfarbigen Zeichnung haben, etwa der Klebrige Salbei.

Rot, aber auch Rosa, Pink und Braunrot

SEITE 54 BIS 89

Rote Blüten

Blumen, die ganz eindeutig rot blühen wie der Purpur-Enzian kommen in der heimischen Natur selten vor.

⟶ Die Farbgruppe Rot umfasst deshalb auch die Farbtöne Rosa wie etwa bei der Schneeheide, Pink wie beispielsweise bei der Alpen-Zyklame und Braunrot, etwa bei der Roten Ständelwurz.

⟶ Bei all den hier einsortierten Schattierungen überwiegt aber immer der Rotanteil in der Farbe.

Blau, aber auch helles und dunkles Violett

SEITE 90 BIS 113

Blaue Blüten

Auch bei den blau blühenden Blumen gibt es eine breite Skala ganz unterschiedlicher Farbnuancen: Hier findest du das Hellblau des Alpen-Vergissmeinnichts, das kräftige Blau des Eisenhuts und auch das Blauviolett des Wilden Stiefmütterchens.

⟶ Außerdem sind hier Blumen mit Farben im Übergangsbereich zu Rot aufgeführt, etwa das Alpenglöckchen.

⟶ Es gibt aber auch Arten, die ihre Blütenfarbe von Rot nach Blau wechseln können oder in unterschiedlichen Farben blühen.

SEITE 114 BIS 121

Grüne und braune Blüten

In unserer heimischen Natur gibt es auch – allerdings selten – Blumen mit grünen oder unscheinbar bräunlichen Blüten. In dieser Gruppe findest du außerdem die Farne. Ihnen fehlen die Blüten – sie vermehren sich über sogenannte Sporen, die meist als braune Kreise auf den Blattwedeln zu finden sind.

⟶ Von den Blütenpflanzen findest du hier z. B. den Alpen-Silbermantel mit seinen unauffälligen Blüten und auch die alpine Netz-Weide, ein Zwergbäumchen des Gebirges, ist hier einsortiert.

Unauffälliges Grün oder Braun

FORM UND ANZAHL

Der Aufbau der Blüte

Radiärsymmetrisch mit mehreren Symmetrieachsen

Nachdem du die Blume im ersten Schritt einer Farbgruppe zugeordnet hast, betrachtest du ihre Blütenform.

⟶ Es gibt 2 Formgruppen: Entweder sind die Blüten kreisrund und radiärsymmetrisch aufgebaut, dann haben sie mehrere Symmetrieachsen.

Zweiseitig-symmetrisch mit nur einer Symmetrieachse

⟶ Oder sie sind zweiseitig-symmetrisch, dann besitzen sie nur eine Symmetrieachse, die sie in 2 spiegelbildliche Hälften teilt.

Mehr als 5 Blütenblätter, dazu gehört z. B. die Alpen-Margerite

Als Nächstes zählst du die Blütenblätter.

⟶ Die radiärsymmetrischen Blüten unterteilt man in 3 Untergruppen: höchstens 4 Blütenblätter, 5 Blütenblätter oder mehr als 5 Blütenblätter.

⟶ Jetzt kannst du zu der Seite blättern, ab der die Arten mit der entsprechenden Blütenfarbe, Blütenform und der Anzahl an Blütenblättern vorgestellt werden.

⟶ Zum Schluss vergewisserst du dich, ob du richtig liegst. Dazu vergleichst du deine Blume mit dem Foto, den beschriebenen Merkmalen und dem Fundort.

WEISSE BLUMEN
schneller bestimmen

Die Blume, die du bestimmen möchtest, hat eine weiße Blüte. Wie gehst du nun weiter vor?

↓

Zähle die Blütenblätter.

↓

Anschließend blätterst du zu der Seite, ab der die Arten mit der entsprechenden Anzahl von weißen Blütenblättern vorgestellt werden.

AB SEITE 8

Bis 4 Blütenblätter

Es gibt eine Vielzahl weiß blühender Alpenblumen mit 4 Blütenblättern. Eine der bekanntesten ist der Alpen-Mohn. Seine Blütenblätter sind deutlich vierzählig. → Nicht ganz so leicht ist es beim Schattenblümchen, denn seine Blütenblätter sind deutlich kleiner.

AB SEITE 10

5 Blütenblätter

Die große Gruppe der weiß blühenden Alpenblumen mit 5 Blütenblättern umfasst viele Arten mit ausgebreiteten Blüten und damit gut zählbaren Blütenblättern wie etwa die Schneerose.

→ Daneben gibt es aber auch Arten, die eine falsche Zahl ihrer Kronblätter vermitteln: Die scheinbar zahlreichen Blütenblätter der Sterndolde sind tatsächlich Hüllblätter, die eigentlich Blüte besteht aus nur 5 winzigen Kronblättern.

AB SEITE 20

Mehr als 5 Blütenblätter

In diese Gruppe gehören nicht nur Blumen, deren Blüten sichtbar mehr als 5 Blütenblätter besitzen, wie etwa die Trichterlilie oder der Weiße Germer. Hier wurden auch Arten aus der Pflanzenfamilie der Korbblütler einsortiert wie die Alpen-Margerite, deren Blüten aus vielen kleinen Einzelblüten zusammengesetzt sind. In der Mitte dieser sogenannten Blütenkörbchen stehen meist Röhrenblüten, rund um den Rand des Blütenkörbchens stehen die sogenannten Zungenblüten.

AB SEITE 30

Zweiseitig-symmetrische Blüten

Als zweiseitig-symmetrisch werden in der Botanik Blüten bezeichnet, die aus 2 spiegelbildlichen Hälften bestehen. Dieser Blütentyp tritt unter anderem beim Alpen-Fettkraut und beim Augentrost auf.

❶ Alpen-Gänsekresse

Arabis alpina

STECKBRIEF 8–30 cm • April–Oktober • Pflanze abstehend verzweigt, behaart • Blätter breit eiförmig, grob gezähnt, kurz gestielt, Stängelblätter ohne Blattstiel • Kronblätter 7–10 mm lang • Fruchtschoten lang und dünn, 2–6 cm lang • Felsschuttfluren, Felsspalten; kalkliebend, 400–3200 m.

❷ Moos-Nabelmiere

Moehringia muscosa

STECKBRIEF 5–20 cm hoch, lockere Rasen bildend, vielfach verzweigt, kahl • Mai–September • Blätter nadelförmig, 1–3 cm lang, frischgrün • Blüten mit 8 Staubblättern, Kronblätter 1- bis 1,5-mal so lang wie Kelchblätter • Schattig-feuchte Felsen, Geröllfluren, unter Latschen, kalkliebend, bis 2300 m.

❸ Alpen-Mohn

Papaver alpinum

STECKBRIEF 5–20 cm • Juni–August • Stängel einblütig, blattlos, weiß behaart • Alle Blätter grundständig, graugrün, fiederschnittig, mit schmalen Zipfeln • Kronblätter groß, fallen leicht ab, am Grund gelb, Staubblätter zahlreich, gelb • Kalkschuttfluren, kalkstet, 600–2450 m.

❹ Schattenblümchen

Maianthemum bifolium

STECKBRIEF 5–15 cm • Mai–Juni • 2 Blätter, herzförmig, glänzend, hellgrün, nichtblühende Pflanzen mit nur 1 Blatt • Blütenstand 10- bis 15-blütig, Blüten aufrecht, Kronblätter zurückgeschlagen • Frucht kugelig, grün, purpurn gesprenkelt • Bodensaure Wälder, bis etwa 2100 m.

Beim Verblühen werden die Blüten oft rötlich →

Gletscher-Hahnenfuß

Ranunculus glacialis

Wuchshöhe 5–20 cm
Blütezeit Juli–August
Standort Nährstoffarme Steinschuttfluren, Silikatfels, Moränen, kalkmeidend, 1900–4000 m, vereinzelt auch tiefer.

→ TYPISCH **Der Gletscher-Hahnenfuß gehört zu den höchststeigenden Blütenpflanzen der Alpen. Am Finsteraarhorn in der Schweiz konnte er noch auf 4275 m gefunden werden. Auffallend ist dabei, dass er sich nicht wie andere Hochgebirgspflanzen durch polsterförmigen Wuchs oder starke Behaarung vor den meist unwirtlichen Klimabedingungen dieser Höhenstufe schützt. Ähnlich unwirtliche Lagen besiedelt er auch in der Arktis, wie etwa in Alaska und auf Grönland. Die Kältewiderstandsfähigkeit dürfte genetisch bedingt sein, möglicherweise beruht sie auf einer Frostresistenz der Zellen.**

❶ Alpen-Hahnenfuß

Ranunculus alpestris

STECKBRIEF 5–15 cm • Mai–August • Pflanze kahl, einblütig • Grundständige Blätter rundlich bis nierenförmig, glänzend, am Rand gelappt • Kronblätter leicht eingebuchtet, Blüte 2–2,5 cm im Durchmesser, Staubblätter gelb • Gesteinsfluren, Feinschutthalden, Schneetälchen, über Kalk, 1200–2800 m.

❷ Platanen-Hahnenfuß

Ranunculus platanifolius

STECKBRIEF 40–120 cm • Juni–Juli • Pflanze aufrecht ästig, kahl • Grundständige Blätter drei- bis fünfteilig, am Grund miteinander verbunden • Blüte im Durchmesser 1,2–2,5 cm, Kronblätter eiförmig, Staubfäden in der Blütenmitte gelb • Hochstaudenfluren, Bergwiesen, Schluchtwälder, 1100–2100 m.

❶ Große Sterndolde

Astrantia major

STECKBRIEF 30–80 cm • Juni–August • Grundständige Blätter fünf- bis siebenteilig, Abschnitte gezähnt • Blüten grünlich weiß oder hellrosa, von weißlichen Hüllblättern umgeben, Hüllblätter mit deutlicher Quernervatur • Wälder, Hochstaudenfluren, Wiesen, kalkliebend, bis 2000 m.

❷ Meisterwurz

Peucedanum ostruthium

STECKBRIEF 30–100 cm • Juni–August • Stängel hohl, stielrund, gerillt, kahl, nur unter den Dolden flaumig • Blätter dreizählig zusammengesetzt, Blättchen verschieden tief dreiteilig • Dolden 15- bis 50-strahlig • Hochstaudenfluren, Weiden, feuchte Wiesen, Bachufer, Bergwälder, 1200–2800 m.

❸ Bittere Schafgarbe

Achillea clavennae

STECKBRIEF 5–30 cm • Juni–August • Pflanze seidig-filzig behaart, riecht beim Zerreiben intensiv • Stängelblätter fiederspaltig, beiderseits mit 2–4 Abschnitten • Stängel 6- bis 20-blütig, Blütenhülle schwarzbraun berandet, 5–8 Zungenblüten • Felsige Hänge, Steinrasen, Felsspalten, kalkliebend, 1500–2500 m.

❹ Einblütiges Hornkraut

Cerastium uniflorum

STECKBRIEF 2–8 cm • Juni–August • Pflanze zottig und drüsig behaart • Blätter oval, 5–15 mm lang • Stängel ein- bis dreiblütig • Kronblätter 10–15 mm lang, stark ausgerandet, 1,5- bis 2-mal so lang wie die Kelchblätter • Schieferschuttfluren, Felsspalten und Moränen, kalkmeidend, 1700–3400 m.

Nach der Blüte verfärbt sich die Krone rosa oder grün →

Schneerose

Helleborus niger

Wuchshöhe 15–30 cm
Blütezeit Januar–April
Standort Frische Edellaubwälder, besonders Fichten-Tannen-Buchenwälder, auch Rotföhrenwälder, Latschengebüsch und Kalkschutt, bis etwa 1800 m.

→ **TYPISCH Schneerosen blühen oft bereits im Winter, worauf sich der Name Christrose bezieht, weil sie in manchen Jahren bereits zu Heiligabend ihre Blüten öffnen. Nieswurz als weitere Benennung geht auf im Rhizom enthaltene Giftstoffe zurück, die Niesreiz erregen. In der antiken Säftelehre galt das Niesen als bestes Mittel gegen den Wahnsinn und andere psychische Krankheiten. Man glaubte, dass während des Niesens das Tor zur Anderswelt geöffnet ist und musste diese Zeit mit einem Segensspruch entschärfen. Ein Brauch, der sich mit dem Wunsch »Gesundheit«, wenn jemand niest, bis heute erhalten hat.**

Nicht selten findet man auch Pflanzen mit rosa Blüten →

Alpen-Mannsschild

Androsace alpina

Wuchshöhe 0,5–5 cm
Blütezeit Juni–August
Standort Frische, kalkarme Gesteinsfluren und Grate, kalkmeidend, 2000–4000 m.

→ TYPISCH Hochgebirgspflanzen wie das Alpen-Mannsschild schützen sich vor den Unbilden dieser Höhenlage oft durch einen polsterförmigen Wuchs. Die Vegetationszeit hier oben ist kurz, weshalb die Blütezeit gleich nach der Schneeschmelze einsetzt, damit sich die Früchte noch vor dem ersten Herbstschnee ausbilden können. Das Alpen-Mannsschild ist ein Endemit der Alpen, kommt also nur hier vor und besiedelt diese von der Dauphine (Frankreich) bis in die Steiermark (Österreich). Am Matterhorn steigt sie bis auf 4200 m. Mehrere weitere Mannsschild-Arten besiedeln die Hochlagen der Alpen, sie blühen weiß oder rosa, eine Art auch gelb.

❶ Blaugrüner Steinbrech

Saxifraga caesia

STECKBRIEF 3–12 cm • Juni–September • Polster bildend • Rosettenblätter blaugrün, nach außen gebogen, 2–5 mm lang, am Rand mit kalkausscheidenden Grübchen • Stängel kahl mit wechselständigen Blättern und 2–6 Blüten • Kronblätter 3–4 mm lang • Felsfluren, Felsrasen, Schuttfluren, über Kalk, 1500–2600 m.

❷ Pracht-Steinbrech

Saxifraga cotyledon

STECKBRIEF 15–75 cm • Juni–Juli • Pflanze mit zahlreichen, nichtblühenden Rosetten • Rosettenblätter breit linealisch, vorne verbreitert, 2–8 cm lang, 9–15 mm breit, Blattrand fein gezähnt • Blütenrispen überhängend, Blüten innen rot gepunktet • Felsspalten, kalkmeidend, bis 2600 m.

❸ Rispen-Steinbrech

Saxifraga paniculata

STECKBRIEF 5–40 cm • Mai–August • Mit zahlreichen nichtblühenden Rosetten • Rosettenblätter verkehrt eilänglich, 1–3 cm lang, 4–7 mm breit, graugrün, Blattrand mit kalkausscheidenden Grübchen • Blütenstand rispig verzweigt, Rispenäste ein- bis fünfblütig • Felsen, steinige Rasen, kalkliebend, bis 3400 m.

❹ Stern-Steinbrech

Saxifraga stellaris

STECKBRIEF 5–20 cm • Juni–August • Bildet mit Ausläufern lockere Rasen • Blätter in grundständiger Rosette, glänzend, verkehrt eiförmig, vorne gesägt • Stängel bis auf die Tragblätter blattlos, 3- bis 15-blütig • Kronblätter mit 2 gelben Punkten • Quellfluren, Bachufer, Schneetälchen, 1400–3000 m.

❶ Großes Wintergrün

Pyrola rotundifolia

STECKBRIEF 15–30 cm • Mai–Juli • Blätter in grundständiger Rosette, kreisrund, 3–5 cm im Durchmesser • Blütenstand allseitwendig, 8- bis 30-blütig, Kelchzipfel 3–4 mm lang, Kronblätter weiß, oft rosa überlaufen, Griffel 6–8 mm lang, gebogen • Wälder, besonders Nadelwälder, bis 2200 m.

❷ Knöllchen-Knöterich

Persicaria vivipara

STECKBRIEF 5–25 cm • Juni–August • Blätter gestielt, dunkelgrün, lanzettlich, 1,5–7 cm lang, 0,5–2 cm breit • Blütenstand 3–5 cm lang, am Grund mit braunen Brutknospen, die manchmal schon kleine Blätter entwickeln • Rasen, Schneetälchen, gefestigte Felsfluren, Wiesen, 1100–3000 m.

❸ Wald-Geißbart

Aruncus dioicus

STECKBRIEF 100–180 cm • Juni–Juli • Blätter zwei- bis dreifach gefiedert, Blättchen 5–8 cm lang, eiförmig • Blüten winzig, zu Tausenden in rispig zusammengesetzten Ähren, Kronblätter 1–2 mm lang • Luftfeuchte, schattige Standorte, v. a. Schluchtwälder, an Gebirgsbächen, Hochstaudenfluren, bis 1700 m.

❹ Berg-Baldrian

Valeriana montana

STECKBRIEF 15–50 cm • Mai–Juli • Grundblätter eiförmig • Stängel mit 3–8 Laubblattpaaren, Stängelblätter alle ungeteilt, breit lanzettlich, zugespitzt • Krone weiß bis hellrosa, in doldigen Blütenständen zusammenstehend • Steinige Hänge, Ruhschuttfluren, über Kalk, 700–2700 m.

❶ Stern-Narzisse

Narcissus radiiflorus

STECKBRIEF 20–40 cm • April–Juni • Stängel einblütig • Blätter lineal, 5–8 mm breit, bläulich grün • Blüten duftend, 6 Blütenblätter, schmal verkehrt-eiförmig, 22–30 mm lang, innerer Blütenkranz 8–10 mm im Durchmesser, gelb, rot umrandet • Bergwiesen, Feuchtwiesen, bis etwa 2100 m.

❷ Alpen-Krokus

Crocus albiflorus

STECKBRIEF 4–15 cm • März–Mai • Pflanze einblütig • Blätter grundständig, lineal, mit weißem Mittelnerv und nach unten gerollten Rändern, zur Blütezeit noch wenig entwickelt • Blüten weiß oder violett, Blütenblätter 15–40 mm lang, 5–10 mm breit • Bergwiesen, Weiden, bis 2600 m.

Je Stängel 2–15 einseitwendige Blüten →

Trichterlilie

Paradisea liliastrum

Wuchshöhe 30–50 cm
Blütezeit Juni–Juli
Standort Bergwiesen, Rasengesellschaften und lichte Edelkastanienwälder, 1000–2500 m.

→ **TYPISCH** **Durch ihre großen, nickenden Blüten ist die Trichterlilie kaum zu verwechseln. Sie bevorzugt kalkarme, manchmal auch kalkreiche Bergwiesen. Ihren wissenschaftlichen Namen verdankt sie dem italienischen Botaniker Giovanni Mazzucato, der sie im Jahr 1811 in den Julischen Alpen entdeckte und nach seinem Gönner, den Grafen und Gartenfreund Giovanni Paradisi (1760–1826) benannte. Von Paradisi abgeleitet findet sich im Deutschen oft auch die Bezeichnung Paradieslilie. Die Pflanze fehlt von Natur aus in Deutschland und in fast ganz Österreich, ist sonst aber in den Alpen weit verbreitet.**

❶ Allermannsharnisch

Allium victorialis

STECKBRIEF 30–60 cm • Juni–Juli • Pflanze nach Lauch riechend • Stängelblätter breit lanzettlich, 10–30 cm lang, 3–6 cm breit • Blütenstand mit mehr als 30 Blüten, von den Hüllblättern nicht überragt, Blüten cremeweiß bis blassgelb • Bergwiesen, Weiden, Hochstaudenfluren, 1400–2700 m.

❷ Rispen-Graslilie

Anthericum ramosum

STECKBRIEF 30–80 cm • Juli–August • Blätter grundständig • Blüten in einer Rispe, Blütenblätter 1–1,4 cm lang, 2–6 mm breit, die inneren deutlich breiter als die äußeren, überragen die Staubblätter um 1–2 mm • Trockenrasen, Föhrenwälder, bewachsener Flussschotter, kalkliebend, bis 1900 m.

Die Blüten können auch grün sein →

Weißer Germer

Veratrum album

Wuchshöhe 50–120 cm
Blütezeit Juni–August
Standort Häufige Pflanze auf Weiden, Wiesen, Hochstaudenfluren und Tierlagerstellen, bis etwa 2700 m.

→ **TYPISCH Der Weiße Germer ist ein von den Älplern wenig geliebtes, giftiges Weideunkraut. Er tritt in einem Großteil der Alpen in einer weiß blühenden Unterart und v. a. in den Südalpen in einer grün blühenden Unterart auf. Germer kann im nichtblühenden Zustand mit dem Gelben Enzian, den man zur Schnapserzeugung nutzt, verwechselt werden und hat deswegen schon einige Todesopfer gefordert. Der Gelbe Enzian besitzt im Gegensatz zum Weißen Germer gelbe, fünfzählige Blüten. Seine Blätter sind blaugrün, kahl, kaum genervt, weich und gegenständig am Stängel angeordnet.**

❶ Quirl-Weißwurz

Polygonatum verticillatum

STECKBRIEF 30–100 cm • Mai–Juli • Pflanze unverzweigt • Stängel kantig, gleichmäßig quirlig beblättert • Blätter lineal lanzettlich • Blüten in zwei- bis siebenblütigen, achselständigen Trauben, geruchlos • Frucht rot, später oft schwarzblau • Wälder, Hochstaudenfluren, Fichtenforste, bis ca. 2400 m.

❷ Berghähnlein

Anemonastrum narcissiflorum

STECKBRIEF 20–40 cm • Mai–Juli • Grundständige Blätter handförmig drei- bis fünfteilig • Blüten weiß, außen oft rosa überlaufen, mit meist 6 kahlen Blütenblättern, zu 3–8 in einem doldigen Blütenstand • Erdereiche, frische Rasengesellschaften, kalkliebend, 1000–2400 m.

Nach der Blüte bildet sich ein auffallender perückenartiger Fruchtstand →

Alpen-Kuhschelle

Pulsatilla alpina

Wuchshöhe 20–50 cm
Blütezeit Mai–Juli
Standort Steinige Rasen, Weiden, rasige Hänge, 1200–2500 m.

→ TYPISCH Die Alpen-Kuhschelle untergliedert sich in den Alpen in 7 Unterarten, von denen 6 weiß und eine schwefelgelb blühen. Nach der Blütezeit entwickelt sich ein perückenartig aussehender Fruchtstand, der im Volksmund »Grantiger Jager« genannt wird. Es sind dies die einzelnen Früchtchen, die jeweils eine lange Granne ausbilden und daher etwas strubbelig aussehen. Durch ihre frühe Blütezeit ist die Kuhschelle eine wertvolle Nahrungspflanze für die Insektenwelt. Vor allem Hummeln, Honig-, Mauer- und Furchenbienen finden sich als Blütengäste ein. Auch der Kleine Fuchs und der Zitronenfalter nutzen sie als frühe Nektarquelle.

Ganze Pflanze weißfilzig behaart →

Edelweiß

Leontopodium alpinum

Wuchshöhe 3–20 cm hoch
Blütezeit Juni–August
Standort Steinige Rasen, Felsbänder, kalkliebend, 1500–3100 m.

→ TYPISCH Das Edelweiß gehört zu den bekanntesten Alpenblumen. Es war Symbol der österreichischen Kaiserin Elisabeth, findet sich im Signet des Deutschen und Österreichischen Alpenvereins, der deutschen Bergwacht, des österreichischen Bergrettungsdienstes usw. Abnorm große Blütenkörbe werden »Edelweißkönige« genannt und leben auch heute noch in der Sagenwelt fort. Edelweiß als deutsche Benennung ist kein – wie manchmal behauptet – künstlicher Werbename. Er ist schon seit Jahrhunderten aus dem Gebiet der Hohen Tauern bekannt und verbreitete sich von hier aus über fast ganz Europa. Auch in anderen Sprachen, wie im Französischen, heißt die Blume übersetzt Edelweiß.

❶ Alpen-Margerite

Leucanthemopsis alpina

STECKBRIEF 5–15 cm • Juni–August • Ein Blütenkörbchen pro Stiel • Blätter beiderseits mit 2–4 Abschnitten • Blütenkorb 2–4 cm im Durchmesser, Blütenmitte gelb, Randblüten weiß, 8–12 mm lang • Rasen, Schutthalden, Schneeböden, v. a. über sauren Böden, 1600–3800 m.

❷ Sternlieb

Bellidiastrum michelii

STECKBRIEF 5–25 cm • Mai–Juli • Ein Blütenkörbchen pro Stiel, Stiel blattlos • Grundblätter ungestielt, länglich verkehrt-eiförmig, stumpf gezähnt • Blütenkörbchen 2–3 cm im Durchmesser, Röhrenblüten gelb oder weiß • Felsbänder, Rutschhänge, lichte Wälder, Quellfluren, Felsrasen, kalkliebend, bis 2900 m.

❶ Silberdistel

Carlina acaulis

STECKBRIEF 3–40 cm • Juni–September • Pro Stängel ein Blütenkorb • Blätter am Grund rosettig gehäuft, fiederteilig, stechend • Blütenkorb mit ausgebreiteten Hüllblättern 5–11 cm, bei Regen geschlossen, innere Hüllblätter oberseits silbrigweiß • Magere Weiden, Wiesen, Böschungen, bis 2800 m.

❷ Alpen-Kratzdistel

Cirsium spinosissimum

STECKBRIEF 20–80 cm • Juni–August • Ganze Pflanze stachelig, behaart • Blätter bis etwa zur Mitte buchtig-fiederteilig mit stachelig gezähnten Abschnitten • Blütenkörbe in dichten, endständigen Knäueln • Weiden um Almhütten, Hochstaudenfluren, Bachränder, 1200–3000 m.

3 Silberwurz

Dryas octopetala

STECKBRIEF 2–5 cm • Mai–Juli • Zwergstrauch mit bis zu 50 cm langen Zweigen • Blätter gestielt, 1–2,5 cm lang, tief gekerbt, oberseits kahl, unterseits dicht weißfilzig, immergrün • Blüten einzeln, meist 8 Kronblätter • Alpine Rasen, Kalkfels, Felsschutt, über Kalkböden, bis 2900 m.

4 Scheuchzers Wollgras

Eriophorum scheuchzeri

STECKBRIEF 10–35 cm • Juni–September • Pflanze mit Ausläufern • Stängel rund, mit einem einzigen aufrechten, endständigen Ährchen • Blattscheiden nicht deutlich aufgeblasen • Ährchen kugelig • Verlandungszonen von Tümpeln, Nasswiesen, Niedermoore, kalkmeidend, 1500–2700 m.

Blattränder eingebogen oder umgerollt, oft mit Skeletten von Kleinstinsekten →

Alpen-Fettkraut

Pinguicula alpina

Wuchshöhe 5–15 cm
Blütezeit Mai–Juli
Standort Nasse Felsen, feuchte Steinrasen, Niedermoore, kalkliebend, bis etwa 2700 m.

→ **TYPISCH Die Fettkräuter gehören zu den wenigen heimischen, fleischfressenden Pflanzengattungen. Charles Darwin untersuchte die Pflanzen 1875 näher und stellte die Karnivorie der Gattung fest. Insekten bleiben auf den klebrigen Blättern kleben und werden von der Pflanze zur zusätzlichen Stickstoffgewinnung verdaut. Erbeutet werden dazu meist kleinste Fluginsekten, allerdings wird auch Pollen effizient verwertet, wenn dieser auf die Blattoberfläche gelangt. Neben dem weiß blühenden Alpen-Fettkraut gibt es in den Alpen auch mehrere blau blühende Arten. Fettkräuter leben durchwegs auf sehr nährstoffarmen Standorten.**

Weiße Blüten mit gelber und violetter Zeichnung

Wiesen-Augentrost

Euphrasia officinalis

Wuchshöhe 5–25 cm
Blütezeit Mai–Oktober
Standort Weiden, Magerwiesen, bis etwa 2800 m.

TYPISCH **Augentrost ist ein einjähriger Halbschmarotzer, der zwar selbst Fotosynthese betreibt, trotzdem aber benachbarte Wiesenpflanzen mithilfe von Saugwurzeln anzapft. Seine Samen sind nur im Einflussbereich dieser Wirtspflanzen keimfähig. Bei den Älplern wird er deshalb als »Milchdieb« bezeichnet. Seine Blüten vergrößern sich im Lauf der Blütezeit deutlich. Außerdem herrscht bei der Art Saisondimorphismus vor, d. h., dass Pflanzen im Sommer anders aussehen als solche, die im Herbst blühen. In der Heilkunde wird die Pflanze seit spätestens dem 13. Jahrhundert als Augenheilkraut genutzt. In den Alpen kommen zahlreiche, oft nur schwer unterscheidbare Augentrost-Arten vor.**

GELBE BLUMEN schneller bestimmen

Die Blume, die du bestimmen möchtest, hat eine gelbe Blüte. Wie gehst du nun weiter vor?

↓

Zähle die Blütenblätter.

↓

Anschließend blätterst du zu der Seite, ab der die Arten mit der entsprechenden Anzahl von Blütenblättern vorgestellt werden.

AB SEITE 34

4 Blütenblätter

Kreuzblütler wie das Felsenblümchen haben eine ganz typische Blütenform. Die Blüten zeichnen sich durch 4 kreuzweise angeordnete Blütenblätter und 6 Staubblätter aus. Die 4 Kelchblätter stehen kreuzweise versetzt zu den 4 Kronblättern. → Dieser einheitliche Blütenaufbau kommt bei keiner anderen Pflanzenfamilie vor.

AB SEITE 36

5 Blütenblätter

Das Gold-Fingerkraut ist ein typischer Vertreter dieser Gruppe. Seine ausgebreiteten Blütenblätter sind leicht zu zählen.

→ Bei der Strauß-Glockenblume sind die 5 Kronblätter zu einer Röhre verwachsen und nur die Zipfel der Kronblätter sind frei.

AB SEITE 42

Mehr als 5 Blütenblätter

Eine Vielzahl der in dieser Kategorie vertretenen Arten gehört in die Pflanzenfamilie der Korbblütler. Ausschlaggebend für diesen Namen ist der korbähnliche Blütenstand: Alle Arten besitzen ein Blütenkörbchen oder -köpfchen – viele Einzelblüten (Röhren- und Zungenblüten) stehen darin dicht zusammengedrängt. Typisch für diese Gruppe ist z. B. die Arnika.

AB SEITE 48

Zweiseitig-symmetrische Blüten

Als zweiseitig-symmetrisch werden in der Botanik Blüten bezeichnet, die aus 2 spiegelbildlichen Hälften bestehen.
→ Das Zweiblütige Veilchen und das Wilde Stiefmütterchen sind ganz typische Vertreter dieser Gruppe, aber auch Orchideen wie der Frauenschuh und Lippenblütler wie der Klebrige Salbei gehören dazu.

Rosettenblätter lang bewimpert →

Immergrünes Felsenblümchen

Draba aizoides

Wuchshöhe 5–10 cm
Blütezeit März–Juni
Standort Felsspalten, Felsgrus, Steinrasen, kalkliebend, bis 3400 m.

→ TYPISCH **Die Pflanze gehört zu den Frühblühern, die bereits ihre Blüten öffnet, sobald sich die Nachttemperaturen der 0° Grad-Marke nähern. Sie tritt in den Alpen in 2 Unterarten auf, wobei die großblütige subsp. beckeri auf die Nordostalpen und die Kleinen Karpaten beschränkt ist. Das Immergrüne Felsenblümchen steigt bis in die nivale Stufe der Alpen hoch, siedelt andererseits auch im Tiefland und besiedelt hier als Eiszeitrelikt Kalkgebiete wie die Schwäbische Alb und die Fränkische Alb. Es gibt in den Alpen mehrere Felsenblümchen-Arten, die zum größten Teil weiß blühen und ebenfalls mit Vorliebe Felsspalten besiedeln.**

Blütenknospen anfänglich nickend →

Gelber Alpen-Mohn

Papaver alpinum

Wuchshöhe 5–20 cm
Blütezeit Juni–August
Standort Steinschuttfluren, kalkliebend, 1200–2450 m.

→ **TYPISCH** **Der Alpen-Mohn besiedelt die Alpen in 7 Unterarten, von denen manche weiß und andere gelb blühen. Vereinzelt finden sich auch Pflanzen mit orangen Blüten. Die zierliche Pflanze mit den leicht abfallenden Blütenblättern macht den Eindruck einer fragilen, wenig widerstandsfähigen Art. Tatsächlich gehört sie mit ihrer kräftigen Pfahlwurzel jedoch zu den wichtigen Schuttkriechern und Schuttstauern, die zur Festigung der alpinen Geröll- und Schutthalden beitragen. Nach oben sichert sich die Pflanze mit hangaufwärts ziehenden Wurzelfasern. Die Art kann in den Alpen mit keiner anderen Mohnart verwechselt werden.**

Blaugrün gefärbte Blätter →

Gelber Enzian

Gentiana lutea

Pflanze 50–120 cm hohe Staude
Blätter Bläulich grün, breit lanzettlich, mit 5–7 bogigen, verzweigten Hauptrippen, stehen am Stängel gegenständig.
Blüten Blütezeit Juni–August, Blüten zu jeweils 3–12 in Teilblütenständen mit auffallenden Tragblättern.
Standort Almwiesen, Weiden, Hochstaudenfluren, bis etwa 2500 m.

Die bitterstoffreiche Wurzel wird seit alters zum Ansetzen von Schnaps und Magenbitter verwendet. Heute wird dazu der Enzian durchwegs kultiviert, früher waren Wildsammlungen üblich. Durch das Ausgraben ist die Art in manchen Gegenden selten geworden. Bis in die Mitte des letzten Jahrhunderts wurde das Grabrecht an berufsmäßige Wurzelgräber verpachtet, die bis zu 200 kg frische

↑ Alle Blütenteile, auch die Staubfäden, sind fünfteilig

↑ Der Blütenstand besteht aus mehreren Teilblütenständen

Wurzeln täglich sammelten. Dabei kann eine 25 Jahre alte Pflanze ein etwa 7 kg schweres Rhizom aufweisen. In der Regel wurde in einem Zeitabstand von 6–10 Jahren in den Monaten August bis Oktober gegraben. Von den Älplern werden die Blätter von Mai bis Juli gesammelt, getrocknet und als Rauchtabak verwendet. Ihnen wird eine gewisse psychoaktive Wirkung nachgesagt.

→ TYPISCH Im Durchschnitt produziert eine Pflanze ungefähr 10 000 Samen, die nur 0,001 g schwer sind und vom Wind verbreitet werden. Jungpflanzen blühen in der Natur das erste Mal nach 10–20 Jahren, in der Kultur aber durchschnittlich schon nach 5 Jahren. Der Gelbe Enzian erreicht bei guten Bedingungen ein stolzes Alter von 60 Jahren.

❶ Strauß-Glockenblume

Campanula thyrsoides

STECKBRIEF 10–50 cm • Juni–August • Pflanze steifhaarig • Grundblätter länglich, in einer Rosette, Stängelblätter mit breitem Grund sitzend • Blütenstand eiförmig bis walzlich, 8–20 cm lang, von unten nach oben aufblühend, Krone blassgelb • Magerrasen, Bergmatten, Felsschutt, über Kalk, 1000–2800 m.

❷ Goldprimel

Androsace vitaliana

STECKBRIEF 2–5 cm • Mai–Juli • Blätter rosettig gehäuft, schmal lanzettlich, 3–15 mm lang, 0,8–2 mm breit • Kronblätter leuchtend gelb, Blütenstiele 1–5 mm lang • Feuchter Steinschutt, niedrige Rasen auf wasserdurchtränktem Boden, feuchte Felsen, 1700–3100 m.

3 Aurikel

Primula auricula

STECKBRIEF 5–20 cm • April–Juni • Blätter in grundständiger Rosette, blaugrün, fleischig, oft mehlig bestäubt • Blüten einseitwendig, mit trichterförmig ausgebreiteten Kronzipfeln • Frucht wenig länger als der Kelch • Felsen, Gesteinsfluren, Steinrasen, über Kalk, 300–2800 m.

4 Berg-Hahnenfuß

Ranunculus montanus

STECKBRIEF 10–30 cm • Mai–August • Blätter glänzend, kahl oder spärlich behaart, seitliche Blattabschnitte eingeschnitten, Stängelblattabschnitte zwei- bis siebenmal so lang wie breit • Blüten glänzend, 2–3 cm im Durchmesser • Weiderasen, lichte Wälder, Schneetälchen, kalkliebend, 1000–2700 m.

1 Berg-Nelkenwurz

Geum montanum

STECKBRIEF 5–30 cm • Mai–Juli • Grundständige Blattrosette, Grundblätter einfach gefiedert, Endblättchen viel größer als die Seitenblättchen • Kronblätter eingebuchtet • Fruchtstand perückenartig • Weiderasen, Zwergstrauchheiden, Hochstaudenfluren, Säurezeiger, 1400–3100 m.

2 Gold-Fingerkraut

Potentilla aurea

STECKBRIEF 5–20 cm • Mai–September • Grundblätter fünfteilig, Teilblätter lanzettlich, jederseits mit 2–4 Zähnen, Blättchenrand silbrig behaart • Blüten 1,5–2,5 cm im Durchmesser, Kronblätter am Grund mit dunkelgelbem Fleck • Weiderasen, Wiesen, Steinschutt, kalkmeidend, 1100–3000 m.

❸ Bach-Steinbrech

Saxifraga aizoides

STECKBRIEF 5–20 cm • Juni–September • Rasenbildend, Stängel niederliegend, bogig aufsteigend, dicht beblättert • Blätter fleischig, bewimpert • Kronblätter zitronengelb, orange oder rot • Quellfluren, steinige Bachufer, feuchte Felsschuttfluren, alpine Rasen, bis 3000 m.

❹ Moos-Steinbrech

Saxifraga bryoides

STECKBRIEF 2–5 cm • Juni–August • Bildet dichte Polster • Blätter an der Stängelbasis in Rosetten, 2–6 mm lang, bis vorn steifhaarig bewimpert, einwärts gebogen • Blüten weiß, gelb gepunktet und dadurch gelblich wirkend • Windexponierte Felsschuttfluren, Felsen, kalkmeidend, 1800–4050 m.

Blüten kugelig, mit 10–15 zusammenneigenden Blütenblättern →

Trollblume

Trollius europaeus

Wuchshöhe 30–60 cm
Blütezeit Mai–Juli
Standort Feuchte Wiesen, Hochstaudenfluren, kräuterreiche, frische Rasen, lichte Lärchenwälder, bis 3000 m.

TYPISCH Die Trollblume ist in weiten Teilen Europas beheimatet, besonders häufig kommt sie in den Alpen vor. Sie und Blumenfliegen der Gattung Chiastocheta sind voneinander abhängig. Die Fliegen zwängen sich durch die Kronblätter ins Blüteninnere und übertragen dabei den mitgebrachten Pollen auf die Narben. Sie laben und paaren sich im Schutz der Kuppel und nutzen diese auch zur Eiablage. Die schlüpfenden Larven machen sich über die Samen her. Es bleiben aber genügend übrig, um den Fortbestand der Trollblume zu gewährleisten. Der deutsche Name Trollblume (= lustige Blüte) wurde zum wissenschaftlichen Namen Trollius latinisiert.

Fruchtstand löwenzahnartig →

Arnika

Arnica montana

Wuchshöhe 20–50 cm
Blütezeit Juni–August
Standort Bodensaure Bergwiesen, Weiden, Niedermoore, Zwergstrauchheiden, bis etwa 3000 m.

→ TYPISCH Die Arnika zählt zu den Arzneipflanzen. Die in ihr enthaltenen Stoffe steigern die Durchblutung der Herzkranzgefäße, wodurch es zu einer verbesserten Leistung der Herzmuskulatur kommt. Den Stoffen wird eine antimikrobielle, entzündungshemmende, schmerzlindernde und antiarthritische Wirkung zugesprochen. Arnika war Griechen und Römern noch unbekannt, als sie in Mittel- und Nordeuropa bereits als Würzpflanze für Bier und Met zum Einsatz kam. Noch heute heißt sie in Teilen Norwegens »Olkong« (= Bierkönig). Verwechselt wird sie oft mit dem Ochsenauge. Dieses hat allerdings keine Blattrosette, sondern wechselständige, schmale Stängelblätter und braucht kalkhaltigen Untergrund.

❶ Ochsenauge

Buphthalmum salicifolium

STECKBRIEF 25–50 cm • Juni–September • Stängel behaart, oft rötlich gefärbt, pro Stängel eine bis wenige Blüten • Blätter lanzettlich, ganzrandig bis entfernt gezähnelt • Blütenkörbe 3–6 cm Durchmesser, ca. 20 Zungenblüten, vorne gezähnt • Kalkmagerrasen, Gebüsch, Felsrasen, über Kalk, bis 2200 m.

❷ Großblütige Gamswurz

Doronicum grandiflorum

STECKBRIEF 10–50 cm • Juni–August • Eine Blüte pro Stängel, Stängel und Blätter mit klebrigen Haaren • Blätter rundlich bis eiförmig, 3–7 cm breit, 1- bis 1,5-mal so lang wie breit, am Grund abgerundet bis leicht herzförmig • Blüte 4–7 cm im Durchmesser • Felsschutt, kalkliebend, 1600–3100 m.

❸ Zottiges Habichtskraut

Hieracium villosum

STECKBRIEF 15–30 cm • Juni–August • Ganze Pflanze mit langen, weichen Haaren zottig behaart • 1–4 Blütenkörbchen pro Stängel, Stängel einfach oder gabelig verzweigt, 3–8 Stängelblätter • Blüten 3–4 cm im Durchmesser • Steinrasen, Felsen, Krummholzgebüsch, Schutt, kalkliebend, 1200–2800 m.

❹ Endivien-Habichtskraut

Hieracium intybaceum

STECKBRIEF 10–30 cm • Juli–September • Ganze Pflanze klebrig-drüsig behaart, duftend • Blätter lanzettlich, unregelmäßig gezähnt • Blütenboden halbkugelig bis breit bauchig, Blüten blassgelb • Felsrasen, Felsspalten, Felsschutt, Zwergstrauchheiden, steinige Weiden, kalkmeidend, 1500–2800 m.

1 Edelraute

Artemisia mutellina

STECKBRIEF 5–20 cm • Juli–August • Pflanze aromatisch riechend, unverzweigt, graufilzig • Blätter in ca. 1 mm breite Zipfel geteilt, handförmig geschnitten • Blütenstand allseitwendig, Blüten aufrecht, eiförmig, Blütenboden und Krone behaart • Felsschutt, Felsspalten, 1900–3700 m.

2 Kelch-Simsenlilie

Tofieldia calyculata

STECKBRIEF 10–30 cm • Juni–August • Pflanze kahl, Stängel blattlos • Blätter grundständig, grasartig, 5–10 cm lang, 4–8 mm breit • Blütenstand 2–6 cm lang, 15- bis 40-blütig, Blütenblätter hell grünlich gelb • Quellfluren, feuchte Felshänge, Niedermoore, feuchte Wiesen, kalkliebend, bis etwa 2600 m.

3 Gold-Pippau

Crepis aurea

STECKBRIEF 5–20 cm • Juni–August • Pflanze einblütig und unverzweigt • Stängel blattlos, locker behaart • Rosettenblätter grob gezähnt bis schrotsägeförmig gezähnt.• Kelch schwarz zottig, Blüten orange, 2–3 cm im Durchmesser • Wiesen, Weiden, Matten, Schneeböden, 1300–2900 m.

4 Feuer-Lilie

Lilium bulbiferum

STECKBRIEF 30–100 cm • Juni–Juli • Stängel dicht beblättert, oft mit Brutknöllchen • Blätter schmal lanzettlich, wechselständig • Blüten endständig, aufrecht, einzeln oder zu 2–5 in doldigem Blütenstand, lebhaft orange • Bergwiesen, Gesteinsschutt, trockene Böschungen, Waldränder, bis ca. 2400 m.

Blätter gefiedert, mit breit lanzett-lichem Endblättchen →

Alpen-Wundklee

Anthyllis vulneraria ssp. alpicola

Wuchshöhe 5–20 cm
Blütezeit Mai–August
Standort Schuttfluren, steinige Magerrasen, kalkliebend, 1000–2700 m.

→ TYPISCH Der Wundklee kommt in den Alpen in 8 Unterarten vor, die unterschiedlich gelb, weißlich, rot oder rosa blühen. Am häufigsten und weitesten verbreitet ist der gelb blühende Alpen-Wundklee. Er ist ein wertvoller Rohbodenfestiger, der als Tiefwurzler Erdabrisse, Felsschutt und steile Böschungen festigt. Wenn man den botanischen Namen der Art frei übersetzt, bedeutet er »Blümchen«. Ähnlich lieblich sind auch die deutschsprachige Volksnamen wie Pantofferl in Bayern, Frauenschucherl in Niederösterreich und Katzenbratzerl in Oberösterreich. Als Heilpflanze ist der Wundklee seit Jahrhunderten bekannt.

❶ Buchs-Kreuzblume

Polygala chamaebuxus

STECKBRIEF 5–15 cm • März–Juni • Zwergstrauch • Blätter elliptisch, dunkel, immergrün, ledrig, 1–1,5 cm lang • Blüten gelb und weiß, seltener purpurn und gelb, zu 1–3 in den Blattachseln • Lichte Föhrenwälder, trockene Magerwiesen, Wegböschungen, Kalkfelsen, Niedermoore, bis 2500 m.

❷ Wolfs-Eisenhut

Aconitum lycoctonum

STECKBRIEF 60–170 cm • Juni–September • Giftigste Pflanze der Alpen • Blätter sieben- bis neunteilig, fast bis zum Grund eingeschnitten • Blütenstand dicht, aufrecht-abstehend, einfach bis ästig, Blüten blassgelb • Hochstaudenfluren, lichte Wälder, Felshalden, Weiden, bis etwa 2400 m.

❶ Großblütiger Fingerhut

Digitalis grandiflora

STECKBRIEF 50–100 cm • Juni–August • Stängel behaart • Blätter eilanzettlich, bis 25 cm lang, unterseits behaart • Blüten innen hellbraun gefleckt, Krone 30–40 mm lang, Oberlippe ganzrandig, stumpf • Sonnige Böschungen, Waldränder, Waldschläge, Steinhalden, Staudenfluren, bis 2200 m.

❷ Klebriger Salbei

Salvia glutinosa

STECKBRIEF 40–90 cm • Juli–September • Pflanze besonders im Blütenstand drüsig-klebrig • Blattspreite mit spießförmigem Grund • Scheinquirle zwei- bis sechsblütig, Krone 3–4 cm lang, hellgelb, Unterlippe rotbraun gezeichnet • Laubwälder, Staudenfluren, Schläge, bis etwa 1800 m.

❸ Zweiblütiges Veilchen

Viola biflora

STECKBRIEF 5–15 cm • Mai–Juli • Stängel kahl, unverzweigt, ein- bis zweiblütig • Blätter nierenförmig, breiter als lang • Blüten kräftig gelb, mit dunklen Adern, seitliche Blütenblätter schief aufwärts gerichtet • Schattig-feuchte Gesteinsfluren, Hochstaudenfluren, im Krummholz, Wälder, 400–2800 m.

❹ Wildes Stiefmütterchen

Viola tricolor

STECKBRIEF 10–30 cm • April–Oktober • Stängel verzweigt • Blätter rundlich bis lanzettlich, mit beiderseits 1–5 Zähnen • Blüte 1,5–3,5 cm lang, gelb, violett, weiß oder mehrfarbig, Sporn deutlich ausgebildet • Magerwiesen, Felsschuttfluren, Böschungen, felsige Hänge, bis 2500 m.

Frauenschuh

Cypripedium calceolus

Pflanze 30–60 cm hohe heimische Orchidee
Blätter 3–5, groß, breit elliptisch bis eiförmig, kräftig geadert
Blüten Blütezeit Mai–Juni, Blüten groß mit pantoffelförmiger gelber Lippe, andere Blütenblätter schwarzrot, spiralig gedreht
Standort Lichte Laub- und Nadelwälder, Schluchtwälder, Gebüsche, Halbtrockenrasen, Latschengebüsche, kalkliebend, bis 2200 m.

Der Frauenschuh ist eine Kesselfallenpflanze. Insekten, die durch die obere Öffnung in den Kessel fallen, können diesen nicht mehr auf gleichem Weg verlassen, da die Lippe innen sehr glatt und dementsprechend geformt ist. Die Bestäuber müssen den Ausweg am Ansatz der Lippe nehmen, wo sie durch eine Pollenschleuse gelangen und

↑ Blütenstand ein- bis zweiblütig

↑ Die Blüten können ausnahmsweise auch gänzlich gelb sein

ungewollt mit Pollen beladen werden, der dann auf der Narbe der nächsten Blüte abgestreift wird. Beobachtungen zeigen, dass v. a. Sandbienen von der Größe her optimale Bestäuber sind. Sehr kleine oder schwache Insekten finden den Ausgang in der Kesselfalle nicht mehr und müssen verenden. Aus solchen Beobachtungen heraus entstand der fälschliche Glaube, der Frauenschuh würde zu den fleischfressenden Pflanzen gehören.

→ TYPISCH Der Frauenschuh ist eine unverwechselbare heimische Orchidee. Durch seine zweifarbigen Blüten mit der charakteristisch pantoffelförmigen Lippe ähnelt er keiner unserer anderen heimischen Pflanze. Eine Begegnung mit ihm ist immer wieder ein Erlebnis. Wie alle Orchideen ist der Frauenschuh vollkommen geschützt.

ROTE BLUMEN
schneller bestimmen

Die Blume, die du bestimmen möchtest, hat rote Blüten. Wie gehst du nun weiter vor?

↓

Zähle die Blütenblätter.

↓

Anschließend blätterst du zu der Seite, ab der die Arten mit der entsprechenden Anzahl von roten Blütenblättern vorgestellt werden.

AB SEITE 56

Bis 4 Blütenblätter

Eine der schönsten heimischen Blumen mit 4 roten Blütenblättern ist das Schlag-Weidenröschen. Seine Blüten sind so groß, dass sich die Blütenblätter leicht zählen lassen.
⟶ Nicht ganz so einfach ist es bei der Schneeheide. Hier muss man schon genauer hinschauen, denn ihre Blüten sind röhrenförmig und recht klein.

AB SEITE 60

5 Blütenblätter

Blumen mit 5 roten Blütenblättern sind in der Natur ziemlich häufig. Bei manchen Arten wie etwa der Zwergalpenrose sind die Blütenblätter leicht zu zählen.

⟶ Manchmal täuschen Blumen aber auch mehr Blütenblätter vor als sie tatsächlich haben: etwa wenn ihre Blütenblätter tief eingeschnitten oder sogar gefranst sind, wie etwa bei der Alpen-Prachtnelke.

AB SEITE 74

Mehr als 5 Blütenblätter

In dieser Gruppe findest du nicht nur Blumen wie die Türkenbundlilie oder die Berg-Hauswurz, die erkennbar mehr als 5 Blütenblätter besitzen.
⟶ Hierher gehört auch die große Gruppe der Korbblütler, deren Blüten aus vielen Einzelblüten zusammengesetzt sind. So bestehen die Blüten der Berg-Distel aus vielen purpurnen Röhrenblüten.

AB SEITE 82

Zweiseitig-symmetrische Blüten

Die Blüten dieser Gruppe besitzen nur eine Symmetrieachse. Linke und rechte Hälfte sind spiegelbildlich zueinander.
⟶ Arten wie der Alpen-Süßklee oder die Rote Ständelwurz gehören hierher, aber auch Arten wie das Gestutzte Läusekraut oder der mit dem Thymian verwandte Gebirgs-Quendel.

Blüte aus 4 breiten Kronblättern und 4 schmalen, dunkleren Kelchblättern →

Schlag-Weidenröschen

Epilobium angustifolium

Wuchshöhe 60–130 cm
Blätter Weidenartig, wechselständig sitzend oder kurz gestielt, 8–15 cm lang, 1–2,5 cm breit
Blütezeit Juni–August
Standort Waldschläge, Flussgeschiebe, Waldränder, Heiden, bis 2500 m.

→ TYPISCH Die Pflanze ist auf der Nordhalbkugel von Nordamerika über Europa bis Ostasien weit verbreitet und gilt durch die Ausbildung der Rhizome als wichtiger Bodenfestiger. Offene, ungeschützte Flächen wie Kahlschläge werden durch die Bildung Tausender flugfähiger Samen schnell besiedelt. Sie ist Raupen-Futterpflanze für zahlreiche Schmetterlinge wie Mittleren Weinschwärmer, Nachtkerzenschwärmer, Fledermausschwärmer und Weidenröschen-Blattspanner. Zudem ist die Pflanze eine wertvolle Bienenweide. Der Pollen ergibt einen besonders aromatischen Honig.

❶ Finger-Zahnwurz

Cardamine pentaphyllos

STECKBRIEF 20–50 cm • April–Juni • Pflanze unverzweigt, Stängel unten dicht behaart • Blätter gefiedert, mit meist 5 Blättchen, obere Blätter meist dreiteilig • Kronblätter purpurlila, 15–20 mm lang • Frucht schotenförmig • Laubwälder, Schluchtwälder, kalkliebend, bis 1700 m.

❷ Rundblättriges Täschelkraut

Noccaea rotundifolia

STECKBRIEF 3–12 cm • April–Juli • Pflanze bodenanliegend kriechend • Stängelblätter gegenständig • Blätter eiförmig, dicklich, bläulich grün bis frischgrün, kahl • Kronblätter lila, 5,5–8 mm lang • Frucht fast ungeflügelt, gekielt • Felsschuttfluren, kalkliebend, 1400–3400 m.

Nadelförmige Blätter →

Schneeheide

Erica carnea

Wuchshöhe 15–30 cm
Blütezeit Februar–Mai, manchmal schon im Spätherbst
Standort Föhrenwälder und Felsfluren über Kalkgestein, bis ca. 2300 m.

TYPISCH **Die Schneeheide kann mit dem Heidekraut verwechselt werden. Dieses blüht aber im Spätsommer und hat schuppenförmige, nicht nadelförmige Blätter. Die Schneeheide ist ein wichtiger Nektarspender, wenn im Frühjahr die Auswahl an Blüten noch spärlich ist. Bienen, Schmetterlinge und sogar Hummeln naschen an ihrem Nektar. Hummeln können nur Blüten, die sich nahe am Boden befinden, besuchen. Dazu müssen sie sich auf den Rücken legen, um ihren Rüssel in die enge Blütenröhre einführen zu können. Manche Hummeln beißen einfach die Blütenkrone durch, um zum Nektar zu gelangen.**

Orangefarbene Frucht →

Streifen-Steinröslein

Daphne striata

Wuchshöhe 5–30 cm hoher, sparrig verzweigter Zwergstrauch
Blütezeit Mai–Juli
Standort Zwergstrauchheiden, trockene, steinige Magerrasen, Felsschuttfluren, Latschengebüsche und lichte Nadelwälder, kalkliebend, 1200–2600 m.

→ TYPISCH Das Streifen-Steinröslein ist ein Endemit der Alpen, d.h., es kommt nur dort vor. Es besiedelt das Gebiet von den Kottischen Alpen bis zu den Karawanken. Vor wenigen Jahren konnte es auch im Dachstein-Massiv gefunden werden, wobei bis heute nicht klar ist, ob es sich dabei um ein natürliches, abgesprengtes Areal oder um eine Verwilderung aus ehemaliger Kultur handelt. Das sehr ähnliche Heideröslein unterscheidet sich durch außen behaarte Blüten und seine tiefer gelegenen Wuchsorte.

Selten blüht die Pflanze auch weiß →

Rostrote Alpenrose

Rhododendron ferrugineum

Pflanze 20–100 cm hoher Strauch
Blätter Immergrün, oval bis lanzettlich, 1,5–4 cm lang, ganzrandig, unbewimpert, mit nach unten gebogenem Rand, unterseits rostbraun
Blüten Hauptblütezeit Juni–Juli, Blüten in sechs- bis zwölfblütigen, doldenartigen Trauben am Ende der Zweige, Krone purpurrot
Standort Frische, meist bodensaure Zwergstrauchheiden, lichte Nadelwälder, Krummholzgebüsche, kalkmeidend, 1500–2600 m.

Alpenrosen sind stark giftig, bereits ein Blatt oder eine Blüte können Vergiftungserscheinungen hervorrufen, sowohl bei Menschen als auch bei Wiederkäuern wie Kühen. Besonders gefährdet sind Tiere, die mangels winterlicher

↑ Alpenrosen-Apfel, verursacht durch einen parasitischen Pilz

↑ Die nah verwandte Bewimperte Alpenrose (Rhododendron hirsutum) wächst über Kalk

Futterauswahl Alpenrosen fressen. Deshalb und weil der Strauch oft wertvolle Almweiden in Beschlag nimmt, ist er bei den Bergbauern nicht so beliebt wie bei den Wanderern.

→ TYPISCH Von den weltweit rund 850 Rhododendron-Arten kommen 2 ursprünglich in den Alpen vor. Dabei besiedelt die Rostrote Alpenrose, meist einfach Alpenrose genannt, Berge mit saurem Untergrund und die Bewimperte Alpenrose, meist einfach Almrausch genannt, Berge mit kalkhaltigen Böden. Am leichtesten lassen sich die beiden anhand der Blätter unterscheiden: Sie sind bei der Rostroten Alpenrose unterseits rostrot und am Rand kahl, bei der Bewimperten Alpenrose unterseits grün und am Rand lang bewimpert.

❶ Zwergalpenrose

Rhodothamnus chamaecistus

STECKBRIEF 5–25 cm • Mai–Juli • Zwergstrauch mit niederliegenden bis aufsteigenden Zweigen • Blätter lanzettlich bis verkehrt eiförmig, ledrig, gegenständig • Blüten endständig, zu 1–4, ausgebreitet, purpurrosa • Felsschuttfluren, Felsfluren, Latschengebüsch, über Kalk, 1000–2100 m.

❷ Gamsheide · Alpenazalee

Kalmia procumbens

STECKBRIEF 2–15 cm • Mai–Juli • Teppichzwergstrauch, reich verzweigt • Blätter elliptisch bis lanzettlich, 4–6 mm lang, ledrig • Doldentraube endständig, zwei- bis fünfblütig, aufrechte Blüten • Kelch dunkelrot, Krone rosa • Bodensaure, windexponierte Zwergstrauchheiden, kalkmeidend, 1500–2400 m.

Selten treten auch weiß blühende Pflanzen auf

Alpen-Prachtnelke

Dianthus superbus ssp. alpestris

Wuchshöhe 30–60 cm
Blätter Schmal lanzettlich, bis 8 cm lang, 2–6 mm breit
Blütezeit Juli–August
Standort Magerrasen, Weiden, Bergwiesen über Urgestein, etwa 1300–2300 m.

→ TYPISCH Die Alpen-Prachtnelke ist die Gebirgsform der Echten Prachtnelke des Tieflands. Sie unterscheidet sich durch ein- bis fünfblütige Blütenstände und bläulich bereifte Stängel von der fünf- bis zehnblütigen und grünstängeligen Tieflandform. Außerdem besiedelt sie trockenere Standorte, während die Tieflandform auf Sumpfwiesen angewiesen ist. Nelken sind Tagfalterblumen. Mit ihrer engen, langen Blütenröhre vermögen v. a. Schmetterlinge bis zum Nektar vorzudringen. Gut 30 Arten, darunter Heufalter, Schachbrett, Ochsenauge, Dickkopffalter und Grünwidderchen können als Blütengäste beobachtet werden.

❶ Stein-Nelke

Dianthus sylvestris

STECKBRIEF 8–30 cm • Juni–August • Stängel einfach oder oben verzweigt, kahl • Blätter schmal lineal, 2–10 cm lang, 1,5–2,5 mm breit • Kelch 15–26 mm lang, Kelchblätter in eine kurze Spitze ausgezogen • Steinige Magerrasen, Trockenrasen, Felsen, bis 2800 m.

❷ Gletscher-Nelke

Dianthus glacialis

STECKBRIEF 2–5 cm • Juli–August • Blätter lineal, 20–50 mm lang, 1–2 mm breit • Blüten lebhaft rosa, über dem Schlund mit 3 purpurnen Streifen, Kronblätter ca. 1,5-mal so lang wie der Kelch, Kronblätter 9–10 mm lang, außen gezähnt • Steinrasen, windexponierte Grate, 1900–2900 m.

3 Kriechendes Gipskraut

Gypsophila repens

STECKBRIEF 5–20 cm • Mai–September • Pflanze liegend bis kriechend, blaugrün • Blätter lineal, bis 3 cm lang • Kelchblätter durch weiße, trockenhäutige Streifen verbunden, Kronblätter rosa oder weiß, 6–10 mm lang • Felsschuttfluren, Felsen, Steinrasen, kalkliebend, 1200–2600 m.

4 Rotes Seifenkraut

Saponaria ocymoides

STECKBRIEF 5–25 cm • April–Oktober • Pflanze niederliegend, aufsteigend oder hängend • Blätter eiförmig, behaart • Blütenstand locker-gabelig, klebrig-zottig • Kelch 6–8 mm lang, drüsig behaart, Krone purpurrosa, 12–18 mm lang • Trockene Hänge, Felsschuttfluren, lichte Föhrenwälder, bis 2300 m.

Die Pflanze besiedelt Felsen und Felsschutt →

Stängelloses Leimkraut

Silene acaulis

Wuchshöhe 1–3 cm, bildet dichte flache Polster
Blütezeit Juni–August
Standort Felsspalten, Felsfluren, steinige Magerrasen, im Kalkgestein und Urgestein, 1400–3200 m.

→ TYPISCH Die Pflanze, im Volksmund oft liebevoll Steinguggerli genannt, tritt in den Alpen in 2 Unterarten auf: In der Unterart longiscapa in den Kalkalpen und in der Unterart exscapa in den Urgesteinsalpen, wobei die Pflanzen im Urgestein noch kleiner und kompakter sind als die im Kalkgestein. Weitere Unterarten kommen von Kanada über Grönland bis zum Ural vor.
Das Stängellose Leimkraut trotzt also in großen Teilen der Erde der Kälte und schmückt die oft karge Felslandschaft. Ausnahmsweise kommen auch weiß blühende Pflanzen vor. Die Pflanze ist in den Alpen fast überall in den höheren Lagen zu finden.

Dachziegelartig angeordnete Blätter mit weißlicher Spitze →

Roter Steinbrech

Saxifraga oppositifolia

Wuchshöhe 1–5 cm
Blütezeit April–Juli, gleich nach der Schneeschmelze
Standort Felsen, Felsschutt, Gletschermoränen, Geröllhalden, Steinrasen, 1700–3800 m.

→ TYPISCH **Der Steinbrech ist eine typische Pflanze des Hochgebirges und der Arktis. Von den rund 440 Steinbrech-Arten kommen 123 in Europa und 54 in den Alpen vor. Verbreitungszentren der Gattung liegen in den europäischen Gebirgen, dem Himalaya und seinen benachbarten Gebirgen. Saxifraga ist die am weitesten nach Norden reichende Blütenpflanzengattung und mit 6000 m Seehöhe auch eine der am höchsten steigende. Der Rote Steinbrech bevorzugt Alpengebiete, in denen Kalk und Urgestein gemeinsam auftreten, sogenanntes Intermediärgestein. Der Name Steinbrech entspringt dem Glauben, dass die Pflanze die Ritzen im Gestein selber sprengt.**

❶ Dolomiten-Fingerkraut

Potentilla nitida

STECKBRIEF 2–5 cm • Juni–August • Ganze Pflanze dicht und silbrig glänzend behaart • Blätter dreizählig gefingert • Kronblätter purpurrosa, selten weiß, Staubfäden und Griffel purpurrot • Kalk- und Dolomitfelsen, offene Rasenbänder, Geröllhalden, über Kalk und Dolomit, 1600–2500 m.

❷ Alpen-Grasnelke

Armeria alpina

STECKBRIEF 5–25 cm • Juni–August • Blätter in grundständiger Rosette, kahl, grasartig • Stängel unter dem Blütenstand von einem trockenhäutigen Hüllblatt umgeben • Blütenstand kopfig am Ende des blattlosen Stängels, Blüten lebhaft rosa • Alpine Magerrasen, Gesteinsfluren, 1500–2700 m.

3 Leim-Primel

Primula hirsuta

STECKBRIEF 3–10 cm • Mai–Juni • Blätter rundlich eiförmig, 1–9 cm lang, länger oder so lang wie der Blütenstängel, grob gezähnt, drüsig behaart • Kronblätter purpurrosa, Schlund weiß, Kelchzähne abstehend, 1,5–2,5 mm lang • Felsspalten, Gesteinsfluren, kalkmeidend, 600–3300 m.

4 Mehl-Primel

Primula farinosa

STECKBRIEF 5–20 cm • April–Juni • Blätter in grundständiger Rosette, länglich eiförmig, in den geflügelten Stiel verschmälert, unterseits weißmehlig bestäubt • Kronblätter rosa mit gelbem Grund, Kronröhre 4–6 mm lang • Moore, Magerrasen, feuchte Magerwiesen, kalkliebend, bis 2600 m.

❶ Alpen-Brandlattich

Homogyne alpina

STECKBRIEF 10–30 cm • Juni–August • Pflanze mit beblätterten Ausläufern, ein Blütenkörbchen • Blattspreite nierenförmig, ledrig, 15–40 mm im Durchmesser, oberseits glänzend, Blattrand leicht gebuchtet • Stängel mit 2–3 Hochblättern • Rasen, lichte Wälder, Weiden, kalkmeidend, bis ca. 2900 m.

❷ Alpen-Pestwurz

Petasites paradoxus

STECKBRIEF 15–60 cm • April–Mai • Grundblätter erscheinen am Ende der Blütezeit, dreieckig bis dreieckig eiförmig, unterseits weißfilzig, 10–25 cm breit, Stängelblätter schmutzig rosa bis purpurbraun • Krone purpurbraun schmutzig weiß • Sickerfeuchte Felsschuttfluren, über Kalkböden, bis 2600 m.

❸ Schlangen-Knöterich

Persicaria bistorta

STECKBRIEF 30–80 cm • Mai–August • Pflanze unverzweigt • Untere Blätter länglich eiförmig, gestielt, 10–22 cm lang und 1,5–5 cm breit, am Stiel herablaufend, obere Stängelblätter lanzettlich • Blüten rosa, in dichten, 4–7 cm langen Scheinähren • Feuchte Wiesen, Sümpfe, bis 2500 m.

❹ Schopfteufelskralle

Physoplexis comosa

STECKBRIEF 5–15 cm • Mai–Juli • Grundblätter lang gestielt, grob gezähnt • Hüllblätter schmal elliptisch bis lanzettlich, meist tief gesägt • Blütenstand doldig, meist 8- bis 20-blütig, Krone purpurlilia, zur Spitze hin schwarzpurpurn • Meist senkrechte Kalk- und Dolomitfelsspalten, 900–2000 m.

❶ Purpur-Enzian

Gentiana purpurea

STECKBRIEF 20–60 cm • Juli–September • Blätter eilanzettlich, glänzend grün • Krone purpurrot, innen gelblich, 20–40 mm lang, sich nur teilweise öffnend • Kelch zweizipfelig, auf einer Seite fast bis zum Grund geteilt • Weiden, Hochstaudenfluren, Zwergstrauchheiden, Grünerlengebüsch, 1200–2750 m.

❷ Alpen-Zyklame

Cyclamen purpurascens

STECKBRIEF 5–15 cm • Juni–Oktober • Blätter nieren- bis herzförmig, oberseits dunkelgrün mit hellgrüner Musterung, unterseits purpurn, lang gestielt • Blüten purpurrosa, zurückgeschlagene Kronzipfel, duftend, Fruchtstiel spiralig eingerollt • Bergwälder, Böschungen, gefestigtes Kalkgeröll, bis 1800 m.

Früchte orangerot, länglich eiförmig bis flaschenförmig →

Alpen-Heckenrose

Rosa pendulina

Wuchshöhe 50–200 cm
Blütezeit Mai–Juli
Standort Krummholz, Hochstaudenfluren, Bergwälder, felsige Hänge, bis 2600 m.

→ TYPISCH **Wildrosen wie die Alpen-Heckenrose sind nicht nur für uns Menschen durch ihre Schönheit wertvoll, sondern auch für die Tierwelt – besonders für Wildbienen, die im Frühsommer Pollen sammeln. Er dient Honigbienen und einem Dutzend Wildbienenarten als Proviant für ihre Brutzellen. Die Gemeine Blattschneiderbiene nutzt die Rosenblätter als Baumaterial, indem sie aus herausgeschnittenen Blattteilen fingerhutartige Brutzellen formt. 27 Vogelarten nutzen die Hagebutten, darunter Amsel, Drossel, Krähe, Elster, Rabe, Eichelhäher, Dohle, Seidenschwanz, Kernbeißer, Fink, Meise, Rotkehlchen und Star, genauso wie 28 Säugetiere, darunter Baumschläfer, Steinmarder und Igel.**

Blütenblätter turbanförmig nach hinten gebogen →

Türkenbund-Lilie

Lilium martagon

Wuchshöhe 40–90 cm
Blütezeit Juni–Juli
Standort Wälder, Bergwiesen, Waldlichtungen, Böschungen, kalkliebend, bis etwa 2300 m.

TYPISCH Türkenbund-Blüten verströmen abends und nachts einen schweren, süßen Duft, der Schwärmer anlockt. Diese Nachtfalter zählen zusammen mit dem Taubenschwänzchen zu den Hauptbestäubern. Da die Blüten bei dieser Art hängen und zusätzlich einen öligen Überzug besitzen, fällt es den Schmetterlingen, die frei schwebend nicht verharren können, schwer, sich festzuhalten. Eulenfalter wie die Gammaeule schaffen das Kunststück, indem sie sich mit den Vorderbeinen festhaken und flügelschwirrend Bestäubungsdienste leisten. Rehe, besonders Rehböcke, fressen mit Vorliebe Türkenbundknospen – sie sollen eine aphrodisierende Wirkung auf die Tiere ausüben.

❶ Schnittlauch

Allium schoenoprasum

STECKBRIEF 15–50 cm • Juni–August • Bildet Horste, riecht lauchartig • Blätter röhrig, rund, glatt • Blütenstand kugelig, dicht, ohne Brutzwiebeln • Blütenblätter purpurrosa, 8–15 mm lang, Blütenstiele kürzer als die Blüte • Nasswiesen, Niedermoore, Quellfluren, bis 2700 m.

❷ Echte Pfingstrose

Paeonia officinalis

STECKBRIEF 40–80 cm • Mai–Juni • Blätter groß, in 2–3 Abschnitte geteilt • Kelchblätter ungleich, grün bis purpurn, 5–10 Kronblätter, purpurrosa, Staubblätter zahlreich, am Grund verwachsen • Steineichen- und Flaumeichengebüsch, Berghänge, nur in den Südalpen, bis 1700 m.

Blätter fleischig, in Rosetten angeordnet

Berg-Hauswurz

Sempervivum montanum

Wuchshöhe 5–15 cm
Blütezeit Juni–August
Standort Felsfluren, steinige Weiden, Geröll, kalkmeidend, 300–3400 m.

TYPISCH **Die Hauswurz, auch Dachwurz genannt, wurde früher oftmals aufs Dach gesetzt, damit es der Funkenflug aus dem Kamin nicht in Brand setzen konnte. Der in den Blättern enthaltene Saft wird in der Volksheilkunde bei rissiger Haut, Verbrennungen und bei Insektenstichen angewendet. Die Hauswurz hat als Sonnenschutz und Feuchtigkeitsspender ähnliche Indikationen wie die bekannte Aloe vera. Die Pflanze ist durch ihre fleischigen, wasserspeichernden Blätter hervorragend für trockene Standorte geeignet. Sie vermehrt sich aus Samen wie auch durch Kindel - das sind die Blattrosetten, die sich von der Mutterpflanze lösen und sich andernorts anwurzeln.**

MEHR ALS 5 BLÜTENBLÄTTER

❶ Spinnweben-Hauswurz

Sempervivum arachnoideum

STECKBRIEF 4–12 cm • Juni–August • Blattrosetten klein, 0,5–1,5 cm Durchmesser, eiförmig, kugelig, ± geschlossen, oberseits nicht abgeflacht, spinnwebig behaart • 8–10 Kronblätter, 8–10 mm lang, purpurrot mit dunklem Mittelnerv, Staubfäden purpurn • Gesteinsfluren, bis 2700 m.

❷ Akelei-Wiesenraute

Thalictrum aquilegifolium

STECKBRIEF 40–120 cm • Mai–Juli • Stängel beblättert • Blätter blaugrün, ein- bis dreifach gefiedert, Blättchen rundlich bis oval • Blütenstand rispig, reich verzweigt, Kronblätter fehlend, Staubfäden lila bis weiß • Hochstaudenfluren, frische Edellaubwälder, Auwälder und Säume, bis ca. 2400 m.

Blätter ausgesprochen variabel von stachelig-gelappt bis fast ganzrandig →

Berg-Distel

Carduus defloratus

Pflanze 20–80 cm hoch, bewehrt
Stängel Unten dicht beblättert und stachelig geflügelt, im obersten Teil blattlos und ungeflügelt
Blüten Blütezeit Mai–August, Blüten einzeln, 2,5–3 cm im Durchmesser
Standort Gesteinsfluren, Magerwiesen, Lägerfluren, Hochstaudenfluren, Waldlichtungen, bis 3000 m.

Disteln wie die Berg-Distel gehören zu den für Wildtiere wertvollen Pflanzen. Sie bieten zahlreichen Tieren Heim und Nahrung. Bienen, langrüsselige Hummeln und Schwebfliegen sammeln die Pollen, Ameisen lockt der süße Duft des Nektars an, genauso wie Graubinden-Mohrenfalter, Großer Perlmuttfalter und verschiedene Arten aus der Gruppe der Ritterfalter. In den Stängeln entwickeln sich die Larven von Käfern wie dem Scheckhornbock und dem

↑ Stängel behaart mit jeweils einer Blüte

↑ Blätter und unterer Stängel bewehrt

Distel-Spitzmäuschen. Auf Disteln und Flockenblumen spezialisiert ist unter anderem die Harzbiene Anthidium laterale, genauso wie die Mauerbiene Osmia leaiana und die Seidenbiene Colletes daviesanus. Die Früchte der Berg-Distel sind ölreich und daher wertvoll für Körnerfresser wie den Distelfink.

→ TYPISCH Die Berg-Distel ist in den Alpen ausgesprochen vielgestaltig und kommt hier in 5 Unterarten vor. Dabei reicht ihr Aussehen von einer fast stachellosen Pflanze mit dem Unterartnamen glaucus bis hin zu in fast allen Teilen stachelig bewehrten Pflanzen mit dem Unterartnamen tridentinus. Disteln bilden gerne Hybriden mit anderen Distel-Arten: Das erweitert neben den Unterarten ihre Formenvielfalt und erschwert das richtige Bestimmen.

❶ Alant-Kratzdistel

Cirsium heterophyllum

STECKBRIEF 50–100 cm • Juni–August • Stängel weißfilzig, unbewehrt • Blätter weich, ungeteilt oder mit nach vorne gerichteten Abschnitten, Unterseite dicht spinnwebig-filzig, weiß • Blüten einzeln, lang gestielt, Durchmesser 3–4 cm • Bachufer, Fettwiesen, Hochstaudenfluren, bis ca. 2200 m.

❷ Wollige Kratzdistel

Cirsium eriophorum

STECKBRIEF 60–120 cm • Juli–September • Stängel filzig behaart, nicht dornig-geflügelt • Blätter fiederschnittig, mit kräftigen, gelblichen Stacheln • Blüten 5–7 cm im Durchmesser, Blütenboden kugelig verbreitert, dicht spinnwebig-filzig • Weiden, trockene Hänge, Waldschläge, bis 2000 m.

❸ Perücken-Flockenblume

Centaurea pseudophrygia

STECKBRIEF 30–80 cm • Juli–September • Stängel mehrblütig • Blätter rau, mittlere Stängelblätter eiförmig, zwei bis dreimal so lang wie breit, obere Blätter mit abgerundeten bis herzförmigem Grund sitzend • Blütenboden kugelig, 15–20 mm breit, perückenartig gefranst • Wiesen, Waldränder, bis 2300 m.

❹ Echter Alpendost

Adenostyles alpina

STECKBRIEF 30–80 cm • Juni–August • Blätter schildförmig, regelmäßig gezähnt, unterseits nur auf den Adern behaart, alle Blätter gestielt, obere Blätter kurz gestielt • Blüten lilarosa, doldenartig zusammenstehend, Hüllblätter kahl • Schuttfluren, Bergwälder, auf Kalk, bis 2700 m.

❶ Alpen-Süßklee

Hedysarum hedysaroides

STECKBRIEF 10–40 cm • Juni–August • Pflanze aufrecht oder aufsteigend, fast kahl • Blätter unpaarig gefiedert mit 9–21 Blättchen, Blättchen elliptisch bis eiförmig, ungestielt • Blüten purpurrosa, zu 12–35 in einseitwendiger Traube • Magerrasen, Wiesen, kalkliebend, 1400–2900 m.

❷ Westalpen-Klee

Trifolium alpinum

STECKBRIEF 5–20 cm • Mai–August • Alle Blätter grundständig, Blättchen lineal-lanzettlich, 10–50 mm lang, 3–6 mm breit, kahl, fast ganzrandig • Blütenstand 3- bis 12-blütig, Blüten purpurn, selten gelblich weiß, 18–21 mm lang, intensiv (übel) riechend • Kalkarme, bodensaure Magerrasen, 1500–2500 m.

3 Quirl-Läusekraut

Pedicularis verticillata

STECKBRIEF 5–20 cm • Juni–August • Blätter einfach fiederspaltig, grund- und stängelständig, am Stängel meist zu 4 quirlständig, grün bis purpurbraun • Krone 12–16 mm lang, purpurrosa, Oberlippe kurz, nicht geschnäbelt • Magerrasen, Weiden, Quellmoore, Felsfluren, 1100–2800 m.

4 Gestutztes Läusekraut

Pedicularis recutita

STECKBRIEF 20–50 cm • Mai–Juli • Pflanze kahl • Blätter fiederschnittig, mit gezähnten Abschnitten, die oberen oft dunkelpurpurn überlaufen • Blüten in dichtem Blütenstand, Krone braunrot bis dunkelblutrot, 15–20 mm lang • Hochstaudenfluren, Quellfluren, Erlengebüsch, feuchte Wiesen, 1100–2600 m.

Kelch dunkler als die Blüten, hebt sich farblich ab →

Gebirgs-Quendel

Thymus praecox ssp. polytrichus

Wuchshöhe 2–10 cm
Blütezeit Mai–September
Standort Felsrasen, Felsschutt, Magerwiesen, bis 3400 m.

TYPISCH Der Gebirgs-Quendel ist in den gesamten Alpen weit verbreitet und häufig. Besonders in Kalkgebieten findet er sich reichlich ein, fehlt aber auch den Urgesteinsalpen nicht. Eine besondere Beziehung zum Quendel hat der Schwarzgefleckte Thymian-Ameisenbläuling. Die Weibchen legen im Juli ihre Eier einzeln an Quendelknospen. Die Raupen fressen die Blüten und lassen sich anschließend auf den Boden fallen, wo sie von Ameisen entdeckt und betrillert werden. Die Raupen sondern daraufhin eine süße Flüssigkeit ab und lassen sich von den Ameisen in deren Bau schleppen, wo sie sich über die Ameisenbrut hermachen. Den Tribut dafür entrichten sie weiterhin mit süßem Saft und angenehmem Duft..

ZWEISEITIG-SYMMETRISCH

Blutrote Sommerwurz

Orobanche gracilis

Wuchshöhe 10–40 cm
Blütezeit Mai–August
Standort Halbtrockenrasen, Bergfluren, Böschungen, bis etwa 1900 m.

→ TYPISCH Alle Sommerwurz-Arten sind Vollschmarotzer, die kein Blattgrün besitzen und deshalb auf benachbarte Pflanzen angewiesen sind, deren Wurzeln sie anzapfen, um an Nährstoffe zu gelangen. Die Sommerwurz bildet bis zu 250 000 winzige Samen, die vom Wind verbreitet werden. Der Same kann mehrere Jahrzehnte im Boden ausdauern, ohne an Keimfähigkeit zu verlieren. Er wartet so lange, bis die Wurzel der richtigen Pflanzenart in seine Nähe kommt. Sommerwurz-Arten sind auf bestimmte Wirtspflanzen angewiesen. So schmarotzt die Blutrote Sommerwurz nur auf Hülsenfrüchtlern. Diese müssen also in der Nachbarschaft der Pflanze zu finden sein und helfen dadurch bei der Bestimmung.

❶ Fuchs-Knabenkraut

Dactylorhiza fuchsii

STECKBRIEF 15–70 cm • Mai–Juli • Blätter oberseits gefleckt, lanzettlich, 5–20 cm lang, 1,2–3 cm breit • Blütenstand kegelförmig, Blüten rosa bis purpurn oder weiß, Lippe mit Schleifenmuster, Punkten und Strichen • Wiesen, Weiden, Halbtrockenrasen, Wälder, Sümpfe, Straßenränder, Lichtungen, bis 2500 m.

❷ Mücken-Händelwurz

Gymnadenia conopsea

STECKBRIEF 15–80 cm • Juni–August • Blätter bis 25 cm lang und 3 cm breit • Blütenstand mit bis zu 50 rosa duftenden Blüten, Lippe dreilappig, Sporn 1–2 cm lang, viel länger als der Fruchtknoten • Halbtrockenrasen, wechselfeuchte Wiesen, Feuchtwiesen, Kalk-Magerrasen, alpine Matten, bis 2800 m.

3 Rote Ständelwurz

Epipactis atrorubens

STECKBRIEF 15–60 cm • Juni–Juli • Stängel flaumig behaart • Blätter schmal bis breit eiförmig, 4–8 cm lang und 1–4 cm breit • Blütenstand mit 10–40 stark nach Vanille duftenden Blüten • Föhrenwälder, Magerrasen, Kalkschutthalden, Straßenböschungen, lichte Laubwälder, auf Kalkböden, bis 2400 m.

4 Sumpf-Ständelwurz

Epipactis palustris

STECKBRIEF 20–60 cm • Juni–August • Blätter lanzettlich, 7–18 cm lang, 1,5–4 cm breit • Blütenstand lockerblütig, mit 6–20 Blüten, Blütenblätter weiß-purpurrot, Lippe bis 12 mm lang, am Grunde mit 2 gelben Wülsten • Niedermoore und Feuchtwiesen, Seeufer, kalkliebend, bis 2200 m.

Blätter grasartig, rinnig, unten gehäuft →

Schwarzes Kohlröschen

Nigritella rhellicani

Pflanze 5–20 cm hoch mit kantigem Stängel
Blätter Grasartig, rinnig, am Grund rosettenartig gehäuft
Blüten In dicht gedrängten Blütenständen, mit 20–75 Blüten, zu Blühbeginn kegelförmig, später walzenförmig bis kugelig, schwarzrot, nach Vanille duftend
Standort Alpiner Rasen über kalkreichem und kalkarmem Untergrund, 1200–2800 m.

Bis vor wenigen Jahrzehnten wurden innerhalb der Kohlröschen nur 2 Arten akzeptiert, nämlich das Schwarze Kohlröschen und das Rote Kohlröschen. Ende des letzten Jahrhunderts geriet die Gattung in den Fokus der Wissenschaft, was zur Aufgliederung von gut 20 Kohlröschen-Arten führte. Zentrum der Mannigfaltigkeit sind dabei die Alpen, wahrscheinlich auch der Entstehungsort dieser

↑ Die breite Blütenlippe weist nach oben

↑ In den Alpen treten auch rot und rosa blühende Kohlröschen-Arten auf

Orchidee. Kohlröschen fallen dem Wanderer bald auf, weil die schwarzrote Blütenfarbe außergewöhnlich und der Blütenduft nahezu betörend ist. Deswegen zählt das Kohlröschen zu den bekanntesten Alpenpflanzen, zusammen mit Edelweiß, Enzian und Alpenrose. Benannt ist die Art zu Ehren des Schweizers Johann Müller aus Rellikon am Greifensee, genannt Rhellicanus, der die Pflanze 1536 als Erster erwähnt.

→ TYPISCH Kohlröschen haben die Eigenart, Hybriden zu bilden – nicht nur mit anderen Kohlröschen-Arten, sondern auch mit anderen Orchideengattungen wie Händelwurz, Höswurz und Knabenkraut. Diese sogenannten Gattungshybriden sehen entsprechend außergewöhnlich aus und zählen zu den großen Besonderheiten innerhalb der Alpenflora.

BLAUE BLUMEN schneller bestimmen

Die Blume, die du bestimmen möchtest, hat eine blaue Blüte. Wie gehst du weiter vor?

↓

Zähle die Blütenblätter.

↓

Anschließend blätterst du weiter zu der Seite, ab der die Arten mit der entsprechenden Anzahl von blauen Blütenblättern vorgestellt werden.

AB SEITE 92

4 Blütenblätter

Blau blühende Alpenblumen mit höchstens 4 Blütenblättern gibt es gar nicht so viele. Ein Beispiel ist die Alpen-Waldrebe.

⟶ Der Fransenenzian gehört zu den wenigen Enzianarten der Alpen mit nur 4 Kronblättern.

⟶ Der Felsen-Ehrenpreis hat ungleich große Blütenblätter und könnte daher auch bei den zweiseitig symmetrischen Blüten aufgeführt werden.

AB SEITE 94

5 Blütenblätter

Vor allem die verschiedenen Enzian-Arten mit 5 Kron-

zipfeln gehört unter den Alpenblumen in diese Kategorie.
⟶ Bei den Teufelskrallen sind die Kronblätter verwachsen und daher nur schwer als 5 Blütenblätter zu erkennen.

AB SEITE 104

Mehr als 5 Blütenblätter

Die meisten Arten in dieser Kategorie gehören zur Pflanzenfamilie der Korbblütler wie z. B. die Alpen-Aster.
⟶ In den Blütenköpfen der Korbblütler stehen dicht gedrängt viele Einzelblüten. Während die Röhrenblüten in der Mitte der Vermehrung dienen, nutzen die Pflanzen die auffälligen, am Rand stehenden Zungenblüten zum Anlocken von Insekten.

AB SEITE 108

Zweiseitig-symmetrische Blüten

Pflanzen mit zweiseitig-symmetrischen Blüten gehören oft in die Familie der Lippenblütler und Hülsenfrüchtler.
⟶ Auch die helmförmigen Blüten des Eisenhuts und des Rittersporns sind zweiseitig-symmetrisch.

Fruchtstand perückenartig →

Alpen-Waldrebe

Clematis alpina

Wuchshöhe 100–200 cm hoher Kletterstrauch
Blütezeit Mai–Juli
Standort Lichte Blockwälder, Alpenrosen- und Latschengebüsch, alpine Nadelwälder, 1200–2200 m.

→ **TYPISCH** **Die Alpen-Waldrebe ist eine der wenigen Lianen der Alpen. Dort besiedelt sie die montane bis subalpine Stufe. Ausnahmsweise steigt sie auch tief ins Tal, wie in Auer bei Bozen auf 300 m Seehöhe oder höher, wie im Südtiroler Rosengarten auf 2400 m. Die Alpen-Waldrebe kommt in 3 Unterarten von den Seealpen bis Skandinavien, Ostsibirien und Japan vor. Mit ihren nickenden, vierzähligen Blüten ist sie unverwechselbar. Selten treten neben den typischen blauen Pflanzen auch weiß oder rosa blühende Exemplare auf. Den Nektar nutzen unter anderem Schmetterlinge, Bienen, Hummeln und Wespen.**

❶ Felsen-Ehrenpreis

Veronica fruticans

STECKBRIEF 5–15 cm • Mai–Juli • Stängel am Grund niederliegend, verzweigt, holzig • Blätter eiförmig, kahl • Blütentraube drei- bis siebenblütig, Krone tiefblau mit purpurnem Schlundring und weißem Schlund, Kelch und Blütenstiel behaart, aber drüsenlos • Felsfluren, Steinrasen, 1200–3100 m.

❷ Fransenenzian

Gentianopsis ciliata

STECKBRIEF 5–25 cm • August–November • Blätter schmal lanzettlich, einnervig, grundständige Blattrosette fehlend • Blüten einzeln, endständig, Blütenblätter 30–50 mm lang, tiefblau, Kronzipfel am Rand auffallend gefranst • Halbtrockenrasen, Steinrasen, Weiden, über Kalk, bis 2500 m.

Der Enzian zählt zu den Symbolpflanzen der Alpen →

Stängelloser Enzian

Gentiana acaulis

Pflanze 5–15 cm
Blätter Grundständig, in einer Rosette, 2–10 cm lang
Blüten Blütezeit Mai–Juli, Krone 4–6 cm lang, innen mit olivgrünen Flecken
Standort Wiesen und Weiden, Felsfluren, 1100–3000 m.

Der Stängellose Enzian gehört zu den Alpenpflanzen, bei denen 2 nahe verwandte Arten im gleichen Areal vorkommen, aber unterschiedliche Böden beanspruchen und sich so im Regelfall ausschließen. Dabei siedelt der Stängellose Enzian, der auf der Blüteninnenseite olivgrün gezeichnet ist, auf saurem Untergrund, während der Clusius-Enzian mit auf der Blüteninnenseite schwarzblauer Zeichnung auf Kalkböden beschränkt ist. Der botanische Gattungsname ist nach Gentios, dem letzten König der illyrischen Labe-

↑ Selten treten auch weiß blühende Pflanzen auf

↑ Der Clusius-Enzian ersetzt auf Kalkböden den Stängellosen Enzian

aten in Skodra, jetzt Nordalbanien, benannt. Dieser starb 168 v. Chr. und soll der Erste gewesen sein, der die Heilwirkung des Enzians erkannte. Der Enzian ist Raupen-Futterpflanze für Schmetterlinge wie den Goldenen Scheckenfalter und den Hochalpen-Scheckenfalter. Die Blüten nutzen vor allem Hummeln, Wildbienen und Schmetterlinge.

→ TYPISCH Der Stängellose Enzian zählt gemeinsam mit Edelweiß, Alpenrose und Kohlröschen zu den typischen Symbolpflanzen der Alpen. Sein strahlendes Blau erfreut jedes Wandererherz. Hat man sich früher eine Enzianblüte auf den Hut oder in das Knopfloch gesteckt, so unterbleibt dies heute glücklicherweise aus Naturschutzgründen und wird durch ein mitgebrachtes Foto ersetzt.

❶ Frühlings-Enzian

Gentiana verna

STECKBRIEF 3–10 cm • März–Juni • Grundständige Blätter in einer Rosette, Rosettenblätter 10–30 mm lang, lanzettlich • Kelch purpurbraun gefärbt, an den Kanten 1–2 mm breit geflügelt, Kelchröhre 4–7 mm breit, Blütenmitte weiß • Magerwiesen, Weiden, Niedermoore, bis 3550 m.

❷ Schwalbenwurz-Enzian

Gentiana asclepiadea

STECKBRIEF 20–80 cm • August–Oktober • Stängel aufrecht bis bogig überhängend, mehrblütig • Blätter gegenständig, eilanzettlich, lang zugespitzt, 1–3 cm breit • Blüten zu 1–3 in den oberen Blattachseln, 35–50 mm lang • Wälder, Waldschläge, Weiden, Hochstaudenfluren, bis 2200 m.

Einige Arten lassen sich aufgrund der Kelchform unterscheiden →

Deutscher Enzian

Gentianella germanica

Wuchshöhe 5–30 cm
Blütezeit Juli–Oktober
Standort Magerrasen, Niedermoore, Weiden, Felsrasen, bis 2400 m.

→ **TYPISCH** **Beim Deutschen Enzian handelt es sich um eine Artengruppe, die in den Alpen mit etwa 15 schwer unterscheidbare Kleinarten vertreten ist. Die meisten dieser in den Alpen vorkommenden Sippen sind sehr vielgestaltig und reichlich durch Übergangspopulationen miteinander verbunden. Daher verdienen sie vielleicht nur den Rang von Unterarten. Der Deutsche Enzian beginnt mit seiner Blüte, wenn die meisten anderen Alpenblumen bereits verblüht sind. Er ist Raupen-Futterpflanze unter anderem für den Kreuzenzian-Ameisenbläuling. Die Blüten nutzen Hummeln, Bienen, Tagfalter und Schwebfliegen. Durch die späte Blütezeit ist die Pflanze ein wertvoller Insektenversorger.**

Blüten zweifarbig violett und weiß →

Wald-Storchschnabel

Geranium sylvaticum

Wuchshöhe 30–60 cm
Blütezeit Juni–Juli
Standort Hochstaudenfluren, Bergwiesen, Wälder, Zwergstrauchheiden, bis 2500 m.

→ TYPISCH Von den 429 Arten der Gattung kommen 21 in den Alpen vor. Geranium als botanischer Gattungsname ist vom altgriechischen »geranos« (= Kranich) abgeleitet und weist auf die Ähnlichkeit der Frucht mit dem Schnabel dieses Vogels hin. Storchschnabel als deutsche Bezeichnung würde eigentlich auf Pelargonium, abgeleitet von »pelargos« (= Storch), passen. Aber schon bei Hildegard von Bingen (1098–1179) hießen die Pflanzen »Storckenschnabel«. Die Art ist Raupen-Futterpflanze für Schmetterlinge wie Storchschnabel-Bläuling und Schönbär. Neben Honigbienen und Hummeln gehören Wildbienen wie Mauer- und Sandbienen zu den häufigsten Blütengästen.

❶ Alpen-Lein

Linum alpinum

STECKBRIEF 10–30 cm • Juni–Juli • Stängel dicht beblättert, ein- bis achtblütig • Blätter lineal-lanzettlich, bis 2,5 cm lang und 1–2 mm breit • Blütenknospen nickend, Kronblätter 12–18 mm lang, Fruchtstiele aufrecht-abstehend • Kalkreiche Felsfluren, Schutthalden, steinige Magerrasen, 1400–2200 m.

❷ Alpen-Akelei

Aquilegia alpina

STECKBRIEF 20–70 cm • Mai–Juli • Blätter doppelt dreizählig, bläulich grün • Stängel drüsenlos flaumhaarig, je Stängel 1–3 Blüten • Blüten 5–8 cm im Durchmesser, Blütenmitte weiß, Sporn an der Spitze gerade oder nur schwach gekrümmt • Steinige, kalkreiche Rasen, Gebüsche, 950–2400 m.

1

2

1 Alpen-Vergissmeinnicht

Myosotis alpestris

STECKBRIEF 5–30 cm • Mai–Juli • Blätter elliptisch bis länglich lanzettlich, Rosettenblätter allmählich in den Stiel verschmälert • Blüten mit heller Mitte • Teilfrüchte 2–2,5 mm lang, in der Mitte am breitesten • Magerrasen, Magerweiden, gefestigte Schutthalden, 1400–3100 m.

2 Himmelsherold

Eritrichium nanum

STECKBRIEF 1–4 cm • Juni–August • Blätter rosettig gehäuft, zottig behaart • Blütenstand drei- bis sechsblütig, Blüten leuchtend hellblau, mit gelbem Saum, mit einem Vorblatt unter jeder Blüte • Früchte mit kammförmig gezähntem Rand • Felsspalten, Gesteinsgrus, offene Rasengesellschaften, 2200–3300 m.

❸ Grasblatt-Teufelskralle

Phyteuma hemisphaericum

STECKBRIEF 3–20 cm • Juni–August • Grundblätter lineal, grasartig, 1–2 mm breit, meist ganzrandig, äußere Hüllblätter eiförmig bis breit eilanzettlich, zugespitzt, 0,5- bis 1,3-mal so lang wie der Blütenstand, ganzrandig • Felsrasen, Weiden, Zwergstrauchheiden, kalkmeidend, 1700–3100 m.

❹ Hallers Teufelskralle

Phyteuma ovatum

STECKBRIEF 30–100 cm • Mai–Juli • Grundblätter herzförmig, lang gestielt, Blattrand doppelt kerbsägig, untere Stängelblätter ähnlich den Grundblättern • Krone schwarzviolett, sehr selten auch weiß oder stahlblau, vor dem Aufblühen gekrümmt • Hochstaudenfluren, Wiesen, Wälder, bis 2400 m.

❶ Zwerg-Glockenblume

Campanula cochleariifolia

STECKBRIEF 5–15 cm • Juni–September • Pflanze in lockeren Polstern • Grundständige Blätter breit eiförmig, gezähnt, Stängelblätter elliptisch bis linealisch, werden oben immer schmäler • Blütenstand meist zwei- bis sechsblütig, Krone 10–18 mm lang • Felsen, Schuttfluren, Mauern, kalkliebend, bis 3100 m.

❷ Bart-Glockenblume

Campanula barbata

STECKBRIEF 15–40 cm • Mai–Juli • Pflanze rauhaarig mit langen, weißen Haaren • Grundständige Blätter lanzettlich bis schmal elliptisch • Kelchzipfel etwa ein Drittel so lang wie die Krone, Krone hellblau, 15–30 mm lang, innen kraushaarig • Weiden, Wiesen, lichte Wälder, kalkmeidend, 1100–2900 m.

Bis auf den Stängel und die unteren Blätter eine stachelige Angelegenheit →

Alpen-Mannstreu

Eryngium alpinum

Wuchshöhe 40–80 cm
Blütezeit Juli–August
Standort Hochstaudenfluren, felsige Weiden, kalkliebend, 1500–2400 m.

→ TYPISCH Das Alpen-Mannstreu ist eine ganz eigenartige, anmutige Erscheinung innerhalb der Alpenflora. Seine Grundblätter sind komplett anders als die Stängelblätter, seine Hüllblätter auffallender als die Blüten selbst. Er ist von den Alpen und dem französischen Hochjura bis Montenegro verbreitet, findet sich aber in den Nord- und Zentralalpen nur sehr selten. Auf einem Jugendporträt Albrecht Dürers aus dem Jahr 1493 sieht man den Künstler mit einem Alpen-Mannstreu in der Hand, und auf einem seiner Kupferstiche mit dem Titel »Das kleine Glück« gab er Fortuna diese Prachtdistel in die Hand.

Gleich nach der Schneeschmelze → erscheint das Alpenglöckchen

Echtes Alpenglöckchen

Soldanella alpina

Wuchshöhe 5–15 cm
Blütezeit April–Juli
Standort Feuchte, schneereiche Magerrasen und Schneebodenränder, 800–2700 m.

→ TYPISCH 16 Arten umfasst die Gattung der Alpenglöckchen, alle kommen in Europa vor, 6 davon in den Alpen mit der größten Vielfalt in den Ostalpen. Hier in den Alpen dürfte die Gattung im Tertiär (vor ca. 30 Millionen Jahren) auch entstanden sein. Soldanella als botanischer Gattungsname ist vom lateinischen »solidus« (= Geldmünze) abgeleitet und beschreibt die münzenförmigen Blätter. Nicht selten sieht man die Alpenglöckchen durch den Schnee brechen. Das Durchschmelzen beruht dabei weniger auf der durch Atmung erzeugten Eigenwärme der Pflanze, als auf der Absorption der Sonnenwärme durch die dunklen Knospen und Blütenstiele.

Durch die violettblau-gelben Blüten eine auffallende Erscheinung →

Alpen-Aster

Aster alpinus

Wuchshöhe 5–20 cm
Blütezeit Juni–August
Standort Magerrasen, Felsrasen, Felsbänder, 1100–3100 m.

→ TYPISCH **Die Alpen-Aster ist weit verbreitet und kommt in mehreren Unterarten von den europäischen Gebirgen bis Sibirien und Nordamerika vor. Im Harz gilt sie als Eiszeitrelikt. Am Fläscherberg in Liechtenstein steigt die Alpen-Aster tief herab und findet sich noch auf etwa 500 m Seehöhe. Sie wächst bevorzugt in trockenen, kalkreichen Wiesen und Weiden, besiedelt aber auch gerne Felsrasen und gefestigten Felsschutt. Aufgrund ihrer Schönheit wurde sie früher häufig gesammelt, weshalb sie heute in vielen europäischen Ländern unter Naturschutz steht. Sie ist ein wertvoller Nektar- und Pollenspender, der den Insekten auch noch in großer Höhe zur Verfügung steht.**

Die Blätter sind tief fiederteilig mit großem, dreieckigem Endabschnitt →

Alpen-Milchlattich

Lactuca alpina

Wuchshöhe 60–140 cm
Blütezeit Juni–August
Standort Hochstaudenfluren, Bergwälder, Schläge, Bachufer, 900–2200 m.

→ TYPISCH Der Alpen-Milchlattich ist eine europäisch-montane Art, deren Verbreitung von Schottland und den Pyrenäen bis in die Karpaten reicht. In den Alpen kommt er von den Seealpen bis Niederösterreich vor und fehlt in kaum einem größeren Gebiet. Der botanische Gattungsname und die deutsche Benennung sind vom lateinischen »lac« (= Milch) abgeleitet und beziehen sich auf die milchsaftführende Eigenschaft der Pflanze, die aber für alle Zungen-Korbblütler genauso zutrifft. Der Alpen-Milchlattich ist mit seinen prächtigen, blauen Blütenkerzen unverwechselbar und eine Zierde für so manche Gebirgsflur. Bei Bergbauern ist die Pflanze beliebt, weil sie die Milchleistung der Kühe steigern soll.

❶ Berg-Flockenblume

Centaurea montana

STECKBRIEF 20–60 cm • Mai–Juli • Blätter oberseits dunkelgrün, kurzhaarig, breit lanzettlich, ganzrandig bis leicht gezähnt • Hüllblattanhängsel schwarz, mit langen Fransen, Zungenblüten blau, Röhrenblüten purpurn • Hochstaudenfluren, Bergwiesen, lichte Wälder, Krummholz, kalkliebend, bis ca. 2200 m.

❷ Herz-Kugelblume

Globularia cordifolia

STECKBRIEF 3–10 cm • Mai–Juli • Triebe stark verzweigt, verholzt, einen Teppich bildend • Blätter immergrün, 1–3 cm lang und 0,3–1 cm breit, spatelförmig, an der Spitze abgerundet bis eingebuchtet • Krone 6–11 mm lang • Felsspalten, Steinrasen, kalkliebend, bis etwa 2800 m.

1 Alpen-Tragant

Astragalus alpinus

STECKBRIEF 5–25 cm • Juni–August • Pflanze aufsteigend • Blätter gefiedert mit 15–25 eiförmigen Blättchen, 5–20 mm lang • Blüten in 5- bis 15-blütigen Trauben, Blüte 10–12 mm lang, weiß, vorne violett • Magerwiesen, Weiderasen, lichte Lärchenwälder, kalkliebend, 1300–3100 m.

2 Berg-Spitzkiel

Oxytropis montana

STECKBRIEF 5–20 cm • Juni–August • Blätter gefiedert mit 17–35 Blättchen und meist rötlichem Stiel, Blättchen 5–14 mm lang • Blütenstand 5- bis 20-blütig, Blüten lebhaft violett bis purpurn • Frucht aufrecht oder abstehend • Felsschutt, trockene, steinige Rasen, Felsen, kalkliebend, 1700–2900 m.

3 Wald-Wicke

Vicia sylvatica

STECKBRIEF 50–200 cm lang • Mai–August • Pflanze niederliegend oder kletternd • Blätter gefiedert mit 12–18 Blättchen und einer Endranke • Blüten weiß, violett gezeichnet, Blütenstand 10- bis 20-blütig, einseitwendig • Frische Wälder, Waldränder, Waldschläge, Hochstaudenfluren, bis 2000 m.

4 Alpen-Steinquendel

Clinopodium alpinum

STECKBRIEF 5–20 cm • Mai–September • Blätter eiförmig, ganzrandig oder gezähnt, dunkelgrün • Krone violett, weiß und dunkelviolett gezeichnet, 15–20 mm lang, Kelch zur Fruchtzeit offen • Steinige Magerrasen, Föhrenwälder, Felsschutt, Felsen, Trockenwiesen, auf Kalk, bis 2900 m.

❶ Pyramiden-Günsel

Ajuga pyramidalis

STECKBRIEF 5–25 cm • Mai–August • Pflanze pyramidenförmig, ohne Ausläufer, kurzhaarig • Rosettenblätter größer als Stängelblätter • Tragblätter meist purpurn gefärbt, etwa doppelt so lang wie die Blüten • Bodensaure Magerwiesen, Weiden, lichte Bergwälder, kalkmeidend, 800–2700 m.

❷ Alpenhelm

Bartsia alpina

STECKBRIEF 5–20 cm • Juni–August • Blätter gegenständig, eiförmig, die oberen schwarzviolett überlaufen • Krone 15–22 mm lang, wie der Kelch dunkelviolett, Unterlippe dreiteilig, kürzer als die Oberlippe, Kelch drüsenhaarig • Weiden, Steinrasen, Quellfluren, Niedermoore, 1000–3100 m.

In seltenen Fällen fehlt den Blüten der orange Fleck →

Alpen-Leinkraut

Linaria alpina

Wuchshöhe 2–20 cm
Blütezeit Juni–August
Standort Steinschuttfluren, gefestigter Felsschutt, Flussschotterfluren, bis 4100 m.

→ TYPISCH **Das Alpen-Leinkraut ist in 3 Unterarten in den Gebirgen Europas beheimatet und reicht in seiner Verbreitung von den Gebirgen der Iberischen Halbinsel bis zur Balkanhalbinsel und zur Hohen Tatra. Die Alpen besiedelt die Unterart alpina mit niederliegendem, 3–10 cm hohen Wuchs und die Unterart petraea mit bogig aufsteigendem Wuchs und 10–20 cm Höhe. Durch ihre zweifarbig violett-orangen Blüten ist die Pflanze praktisch unverwechselbar. Selten kommen aber auch Pflanzen vor, denen die orange Blütenzeichnung fehlt oder deren Blüten statt violett rosa gefärbt sind.**

Das obere Blütenblatt schützt die Blüte wie ein Helm →

Blauer Eisenhut

Aconitum napellus

Wuchshöhe 20–200 cm
Blütezeit Juni–Oktober
Standort Hochstaudenfluren, Tierweiden, Bachränder, Weidengebüsch, Waldränder, bis 3000 m.

→ TYPISCH Eisenhut ist in seinem Bestäubungsmechanismus perfekt an Hummeln angepasst, sodass die Eisenhut-Arten auf der Erde nur dort vorkommen, wo auch diese Großbienen fliegen. Auf Eisenhutblätter angewiesen ist unter anderem die Raupe der Eisenhut-Goldeule. Das Hahnenfußgewächs zählt zu den giftigsten Alpenpflanzen. Selbst wenn man die Pflanze nur berührt, kann das Gift durch die unverletzte Haut eindringen und Vergiftungen hervorrufen. Der Blaue Eisenhut ist formenreich und besiedelt die Alpen in mehreren Unterarten, wo er nährstoffreiche und helle Standorte bevorzugt. Nutztiere wie Rinder und Schafe meiden die Pflanze.

1 Hoher Rittersporn

Delphinium elatum

STECKBRIEF 60–180 cm • Juli–August • Blätter handförmig • Blüten strahlendblau, in traubigen, oft verzweigten Blütenständen, das oberste Blütenblatt mit einem langen, an der Spitze abwärts gebogenen Sporn • Hochstaudengesellschaften, Schutthalden, Bachränder, Waldränder, 1000–2200 m.

2 Sporn-Stiefmütterchen

Viola calcarata

STECKBRIEF 3–10 cm • Mai–Juli • Blätter grundständig, eiförmig bis lanzettlich, meist deutlich länger als breit, jederseits mit 1–5 Zähnen • Krone blauviolett, purpurn, gelb, weiß oder mehrfarbig, Sporn so lang wie die Kronblätter • Magerwiesen, ruhender Schutt, Weiden, 1500–3000 m.

GRÜNE UND BRAUNE BLUMEN schneller bestimmen

Die Blume, die du bestimmen möchtest, hat eine grüne oder bräunliche Blüte.

Es gibt in den Alpen nur wenige Blumen dieser Art, du wirst sie deshalb schnell auf den nächsten Seiten finden.

Wir haben in diesem Kapitel auch Bärlappe und Farne aufgenommen, obwohl sie keine Blütenpflanzen sind.

AB SEITE 116

Unscheinbare Blüten

Alpenblumen mit unauffälligen grünen oder braunen Blüten sind relativ selten. Zu ihnen zählen eine Reihe von alpinen Weiden-Bäumen oder die Frauenmantel-Arten mit ihren grünlichen Blüten.
→ Eine Besonderheit ist die Orchideengattung der Ragwurze, deren Blüten Insektenweibchen imitieren, um von ihnen bestäubt zu werden. In den Alpen kann man v. a. die Fliegen-Ragwurz finden. Jeder Fund einer Orchidee mit diesem ausgeklügelten Bestäubungsmechanismus ist ein Erlebnis für uns Naturliebhaber.

ZUSATZINFO
Ragwurz-Orchideen sind trotz ihrer braunen Blütenfarbe auffällig, weil ihre Blüten Insektenweibchen imitieren.

SEITE 118

Bärlappe und Farne

Bärlappe und Farne gehören nicht zu den Blütenpflanzen, sind aber oft auffallende Erscheinungen der Alpen.
⟶ Sie bilden keine Blüten aus und vermehren sich nicht über Samen, sondern über sogenannte Sporen, die meist in braunen Kreisen auf den Wedeln sitzen. Du wirst sie in den Alpen aber regelmäßig entdecken, und ich stelle dir hier die wichtigsten Arten vor.

❶ Guter Heinrich

Chenopodium bonus-henricus

STECKBRIEF 20–80 cm • April–Oktober • Blätter dreieckig-spießförmig, 7–14 cm lang, 4–14 cm breit, grieselig mit Mehlstaub belegt • Blütenstand grün bis braungrün, rispig, aus vielen kurzen Scheinähren • Viehlägerstellen, stickstoffreiche Hochstaudenfluren, Ruderalstellen, bis 2600 m.

❷ Netz-Weide

Salix reticulata

STECKBRIEF 1–10 cm • Juni–August • Niederliegender Zwergstrauch • Blätter kreisrund bis breit eiförmig, 1–4 cm lang, mit eingesenktem Nervennetz, dadurch runzelig, oberseits dunkelgrün, unterseits grauweiß • Blüten erscheinen mit den Blättern • Schneeböden, feuchte Felsfluren, kalkliebend, 1400–2700 m.

3

4

❸ Alpen-Silbermantel

Alchemilla alpina

STECKBRIEF 5–25 cm • Juni–August • Blätter fünf- bis siebenteilig gefiedert, Blättchen lanzettlich, gezähnt, unterseits und am Rand weißfilzig behaart • Blüten gelblich grün, vierzählig, sehr klein • Felsrasen, Felsspalten, Felsschuttfluren, Zwergstrauchheiden, kalkmeidend, 1500–2600 m.

❹ Fliegen-Ragwurz

Ophrys insectifera

STECKBRIEF 15–40 cm • Mai–Juli • Blätter lanzettlich, hellgrün bis bläulich grün • Blütenstand locker mit 2–10 Blüten • Blüte insektenartig, rotbraun bis schwarzbraun, Mal im Lippenzentrum blaugrau • Magerrasen, Halbtrockenrasen, lichte Kiefernwälder, Latschengebüsch, kalkliebend, bis 2000 m.

Der Wald-Bärlapp bildet oft moosähnliche Zwergwäldchen →

Wald-Bärlapp

Lycopodium annotinum

Wuchshöhe 5–20 cm
Sporenreife Juni–September
Standort Nadelwälder, Moorwälder, Grünerlen- und Alpenrosengebüsch, auf sauren, humosen Böden, bis 2000 m.

→ TYPISCH Bärlappe spalteten sich bereits im Silur vor rund 410 Millionen Jahren von allen übrigen Gefäßpflanzen ab und erlebten in den Steinkohlewäldern des Karbon vor 360–300 Millionen Jahren ihre Hochblüte. Kleine Vertreter dieser urtümlichen Sporenpflanzen haben sich als »lebende Fossilien« bis heute erhalten. Hierzu zählt der Wald-Bärlapp, dessen immergrüne, schlangenartige Kriechtriebe seit alters die menschliche Fantasie beflügelten. Der Wald-Bärlapp ist fast über die gesamte Erde verbreitet. Auch in den Alpen kommt er weitläufig von den Seealpen bis zum Wienerwald vor, allerdings nirgends häufig, sondern meist immer nur zerstreut.

1 Alpen-Flachbärlapp

Diphasiastrum alpinum

STECKBRIEF 3–12 cm • Sporenreife Juli–September • Triebe weit kriechend, Blätter spitz schuppenförmig, bläulich grün, in 4 Reihen den vierkantigen Trieben anliegend • Sporenähren an der Spitze der Triebe, ungestielt, bis 12 cm lang • Alpine Weiden, Zwergstrauchheiden, 1400–2700 m.

2 Mauerraute

Asplenium ruta-muraria

STECKBRIEF 5–15 cm • Sporenreife Juli–September • Blattwedel 5–15 cm lang mit dreieckigen bis eiförmigen Blattspreiten • Abschnitte rauten- bis fächerförmig, vorne meist fein gezähnt • Braune Sporen bedecken zur Fruchtreife oft die ganze Blattunterseite • Felsen, Mauern, kalkliebend, bis 2900 m.

Die Sporen befinden sich auf der Blattunterseite →

Hirschzunge

Asplenium scolopendrium

Wuchshöhe 20–40 cm hoher Farn
Sporenreife Juni–September
Standort Schluchtwälder, feuchte, kalkhaltige Felsen, meist in schattig-feuchter Lage, bis 2000 m.

→ TYPISCH Durch seine ganzrandigen Blattwedel ist die Hirschzunge leicht von allen anderen Farnen der Alpen zu unterscheiden, die in der Regel ein- bis mehrfach gefiederte Wedel aufweisen. Im Sommer findet man auf der Unterseite mancher Wedel die Sporen. Sie sind streifenförmig angeordnet. Beheimatet ist die Art in großen Teilen der Erde von Nordamerika über die Azoren und Eurasien bis Japan. In den Alpen findet man die Hirschzunge, deren Blattwedel ein wenig an die Zunge des Rotwilds erinnern, v. a. in ökologisch wertvollen Schluchtwäldern und in beschatteten Felsfluren.

❶ Echte Mondraute

Botrychium lunaria

STECKBRIEF 5–20 cm • Sporenreife Mai–August • Blattabschnitte aus keilförmigem Grund halbmondförmig, ganzrandig oder eingeschnitten • Sporenstand rispig, lang gestielt • Blattwedel etwa in der Mitte der Pflanze abzweigend, fleischig • Almweiden, Wiesen, Felsrasen, bis 2700 m.

❷ Adlerfarn

Pteridium aquilinum

STECKBRIEF 40–200 cm, größter Farn der Alpen • Sporenreife Juli–September • Blattwedel überhängend, im Umriss dreieckig, zwei- bis vierfach gefiedert und dadurch gut von den anderen Farnen der Alpen unterschieden, oberseits kahl • Wälder, Waldränder, Schläge, Heiden, Weiden, bis 2100 m.

Register

Bildnachweis

Fotos haben dankenswerterweise zur Verfügung gestellt: **Albert Fröhlich** 53 re., **Armin Pleschberger** 72 li., **Gertrud Tritthart** 20 re., 28 li., 56 oben, 63 oben, 69 li., 108 li. **Sepp Weinzettl** 82 re. Alle übrigen Fotos stammen von **Norbert Griebl**.

Illustrationen: **Shutterstock** (3): vordere Umschlagklappe innen links und rechts oben, Blume S. 2–4; **Stefanie Wawer** (4): vordere Umschlagklappe innen links unten, Blumen S. 5; **Marianne Golte-Bechtle** (1): S. 128 und **Anna Fuchs** (22): hintere Umschlagklappe alle.

Impressum

Umschlaggestaltung von GRAMISCI Editorial Design (Claudia Geffert), München, unter Verwendung zweier Farbfotos von Adobe Stock © Ivana (Edelweiß) und iStock © Dieter Meyrl (Hintergrund).

Die Fotos auf der Umschlagklappe vorne außen stammen aus dem Innenteil.

Mit 239 Farbfotos und 30 Illustrationen.

Unser gesamtes lieferbares Programm finden Sie unter **kosmos.de**. Über Neuigkeiten informieren Sie regelmäßig unsere Newsletter, einfach anmelden unter **kosmos.de/newsletter**.

DER NATURFÜHRER No. 1*

*Quelle: Media Control MC Metis, Deutschland, FY 2021, WG 420 – Natur und WG 422 – Naturführer, Umsatz

FSC www.fsc.org MIX Papier | Fördert gute Waldnutzung FSC® C014889

Gedruckt auf chlorfrei gebleichtem Papier

Pfizerstr. 5-7, 70184 Stuttgart

ISBN 978-3-440-17399-2
Projektleitung: Claudia Salata
Redaktion und Satz: Barbara Kiesewetter, Redaktionsbüro, München
Produktion: Markus Schärtlein
Gestaltungskonzept: GRAMISCI Editorial Design (Claudia Geffert), München
Druck und Bindung: Friedrich Pustet GmbH & Co. KG, Regensburg
Printed in Germany / Imprimé en Allemagne

NABU
Giftfrei Gärtnern tut gut …
… Ihnen und der Natur.
Informieren Sie sich hier.
NABU/A. Wolff
Weitere Infos unter www.NABU.de/giftfrei

Was heißt wie an einer Blume?

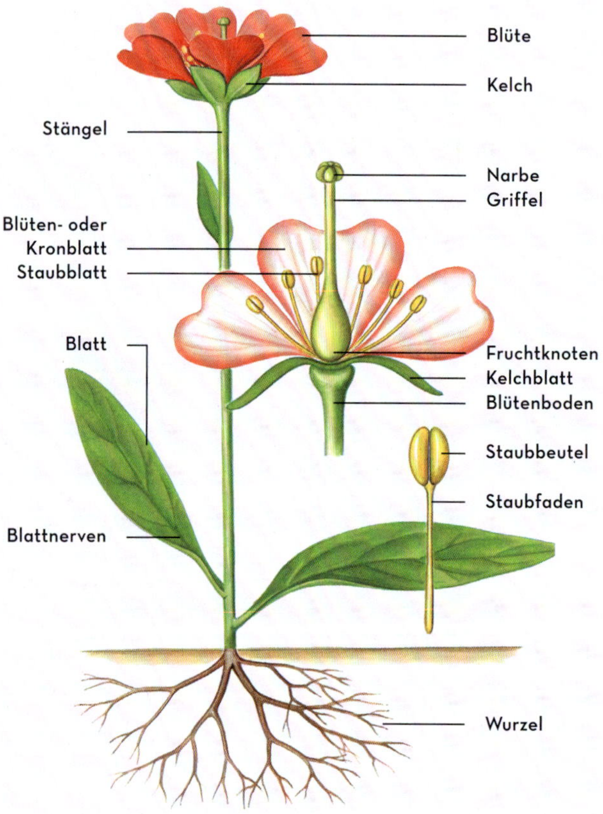